# 钝感力
## 觉醒

张伟超◎著

哈尔滨出版社
HARBIN PUBLISHING HOUSE

**图书在版编目 (CIP) 数据**

钝感力觉醒 / 张伟超著 . —— 哈尔滨：哈尔滨出版社，2024. 8. —— ISBN 978-7-5484-7969-7

Ⅰ . B842.6-49

中国国家版本馆 CIP 数据核字第 20246H8X78 号

书　　名：**钝感力觉醒**
DUNGANLI JUEXING

作　　者：张伟超　著
责任编辑：赵　芳　李维娜
封面设计：于　芳
内文排版：宇菲世纪

出版发行：哈尔滨出版社（Harbin Publishing House）
社　　址：哈尔滨市香坊区泰山路 82-9 号　　邮编：150090
经　　销：全国新华书店
印　　刷：三河市龙大印装有限公司
网　　址：www.hrbcbs.com
E-mail：hrbcbs@yeah.net
编辑版权热线：（0451）87900271　87900272
销售热线：（0451）87900202　87900203

开　　本：880mm×1230mm　1/32　　印张：7　　字数：135 千字
版　　次：2024 年 8 月第 1 版
印　　次：2024 年 8 月第 1 次印刷
书　　号：ISBN 978-7-5484-7969-7
定　　价：36.00 元

凡购本社图书发现印装错误，请与本社印制部联系调换。
服务热线：（0451）87900279

# 前言

　　快节奏时代信息的繁杂与多变，促使人们必须对周遭环境具备敏锐的感知能力，才能发现与适应变化。因此我们时刻都在"品读空气"，竭尽全力地从空气中获取到来自他人的意图、情感与期望。但对空气的品读，使我们的精力变得岌岌可危，我们似乎时刻处于疲惫的状态之中，无法得到丝毫喘息。

　　敏感，虽然使我们能够对外界环境变化进行快速的解读与应对，也使我们可以更细腻地体会到他人当下的状态与情绪，从而与他人建立更好的友谊。但是敏感也使我们早就不堪重负，比如那些来自他人不经意间的一个眼神，来自他人不起眼的一个行为，都在引动我们敏感的思维，使我们的精力陷入枯竭。

　　因此，当下有无数人正陷入因敏感所导致的脆弱之中，许多人开始主动寻找解决之法，最终有人选择了自我封闭，强制自己对外界信息采取不理会的态度；有人则将敏感看作一种自卑，从而对自我进行了错误的负面定义。但这些解决之法并不会奏效，因为我们给予了敏感错误的定义。

　　我们错误地将敏感看作一种需要克服的"缺陷"，从而试图用种种方法将其消弭。但实际上，敏感并非一种缺陷，而是亟待挖掘的"宝藏"。实际上,我们所需要的并非将敏感从我们自身剔除,而是应该学会如何掌握与运用这一来自性格特质的宝贵"财富"。

想要挖掘"敏感"特质所蕴藏的"宝藏",想要将敏感正确地运用于生活之中,使其成为我们的助力,所需要的便是掌握"钝感力"。

"钝感力",并非人们所想象中那般对自我感知能力的"钝化",也并非以一种消极的回避策略进行生活,而是对事物建构、解构与重构的能力,更是一种对敏感资源的控制与分配能力。

当下,敏感且脆弱的我们,或是疲惫,或是焦虑,甚至是恐惧,但那又如何?我们只需将"钝感力"内化为一种思维方式、将"钝感力"贯穿于我们对世界的建构、解构与重构之间,最终"钝感力"的觉醒,便可以带动我们实现一场酣畅淋漓的自我认知迭代。

人生总是充满戏剧性,现实的困扰与梦想的改变,往往并不会大张旗鼓地出现。这一切的一切,或许只是从一个闲暇的午后,随手翻开这本书开始。

# 目录

## 第一章

**敏感的你，
为什么总会觉得焦虑**

# 都是别人的错？
## 别总把自己看作"受害者"

　　追求幸福与美满的生活，是许多人在世间得以坚持的动力。对卓越、成功的渴求，更是根植于许多人的行为、思想，甚至本能之中。但可惜的是，人生向来不会是一路顺境；相反，在追求任何目标的过程中，我们都需要经历数之不尽的曲折，更需要忍受那求而不得的痛苦。

　　忍受痛苦，可以算是一件不可多得的好事。如果此时的我们，可以去正视这种种的痛苦，承认这是由于自身的能力不足，抑或出自错误的判断，都足以使我们痛定思痛地得以获得成长。

　　但承认自己的不足，对许多人来说，足以称得上是世间最难的事情。因为这意味着需要对自我进行否定，自然会使很多人陷入深深的焦虑之中。因此，社会中的大多数人，选择了另一条更为简单，却充满危机的道路。那就是我们不是坦诚地接受自己的不足，而是将自己的错误，归咎到他人身上，认为所有的错误，都来自他人。正如一位美国作家所说的那样，许多人都蜷缩于"自欺欺人的盒子"之中。

这种将错误归咎于他人，以自欺欺人的方式来逃避承认自身不足的例子，在情感关系中屡见不鲜。在电影《分手男女》中，男女主角盖瑞与布鲁克，在浓烈的爱情作用下步入了婚姻的殿堂。这本该是一段美好新生活的开始，却因为双方不肯承认自身的问题，从而在日常琐碎的争吵中，使得这段婚姻成为折磨两人的根源。男主角盖瑞厌烦女主角布鲁克的小题大做，而布鲁克则不满盖瑞的粗心大意，两人时常因为一丁点的小事而争吵不休，竭尽全力地试图在争吵中占据上风，从而迫使对方做出改变。在这种拉扯、争吵之中，男女主角在焦虑的同时，他们的情感关系自然陷入破碎的边缘。在电影中，女主角意识不到自己争吵时愤怒的面孔对男主角的伤害；男主角也意识不到自己的粗枝大叶给女主角造成了多大的困扰。毕竟，承认自己所存在的过错，不仅意味着要否定自己，还意味着我们需要为情感关系的破裂承担责任，并付出努力去维护、修复这段关系。

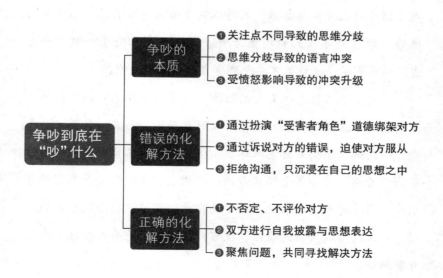

"如果他听从我的指挥,我又怎么会生气?"没错,我们时常忽略自身的错误,蛮横地将过错归咎于对方的身上,认为是对方的不顺从,导致了生活中的摩擦与不满。我们试图掌控他人,让他人按照我们的指令行事,以自欺欺人的形式,心安理得地扮演着情感关系中"受害者"的角色。

扮演"受害者"的角色,似乎使我们可以站在道德的制高点,去指责对方的行为,并心安理得地要求对方付出与改变。但每个人都拥有自由的灵魂,谁也没有义务为他人的错误埋单,哪怕是再亲密的情感关系,也会随着这种掌控与操纵,最终烟消云散。

那么,随着情感的破裂,两个人的远离与相忘,"受害者"的角色,又有什么价值呢?

基于情感所建立的亲密关系,往往会给对方更多的"容错率"。因此,双方哪怕在日常生活中积累了很多的摩擦与愤怒,也会因为一次"幡然醒悟"而得以恢复如初。可这种"容错率",很难出现在成年人的职场生活中。当一个人习惯于扮演"受害者"的角色时,也就不可避免地会在职场中遭遇重挫。

在企业已工作两年有余的陆泽,终于迎来职业生涯中的第一次机会。专业技能出色的他,得以脱颖而出,与其他的两位竞争者,一同进入了企业的竞聘环节。得益于平常工作中所表现出的能力与素质,陆泽备受经理青睐;经理也曾多次向公司高层推荐陆泽。因此对于陆泽来说,只需要在竞聘环节进行一次出色的演讲,一次对自我价值的展示,便可以成功获得许多人梦寐以求的升职加薪。

陆泽自然知道这是一次弥足珍贵的机会。文字功底还算出色的他，很快便准备好了一份出众的竞聘稿。他有信心获得公司高管的认同，甚至于他已经开始畅想自己升职后即将收获的赞美与丰厚的报酬。

眼睛，作为我们最为精妙优美的器官，也有着"盲点"的存在。很多时候，哪怕我们进行了最为精心的准备，但受限于我们自身的能力、眼界与视野，也很难做到万无一失。

当陆泽充满信心地踏入会议室的那一刻，当无数高管的目光向其投来之时，信心满满的他，突然意识到自己或许并没有做好足够的心理准备，他高估了自己的抗压能力与口才。如果说，他略带颤抖的身躯与磕巴的话语，尚不足以让机会彻底离他远去的话，那么当他面对公司高管的问询时脸上所表露出的茫然与尴尬，使得在座的每一个人都能清楚地意识到：他绝不可能升职加薪。

陆泽毫无意外的落选，对他来说却是一件好事。毕竟初入职场的新人总是骄傲的，这种出自自身能力不足的打击，无疑可以使新人得以快速蜕变。而新人的蜕变，恰恰是公司高管们最为希望看到的场景。如果陆泽能弥补自己这种抗压、演讲、应变能力的不足，必然会在不久的将来，获得更为长足的发展。

可惜的是，陆泽在经历消沉过后，并没有意识到问题所在，或者说他并不愿意放下自己的骄傲，正视自身所存在的问题。所以当他踌躇且怯懦地向经理问道：这里面是不是有什么"黑幕"时，经理充满了惋惜。显然陆泽坚定地认为自己是一名"受害者"，更是职场不公和晋升"黑幕"的"牺牲者"。未来的种种机会自然也就与他再无缘分了。

对陆泽来说，成为一名"受害者"，一切便都可以解释得通。他可以开始无休止地抱怨，甚至是获得家人与朋友的安慰。更为重要的是，由此一来，他便可以不必去付出努力，改变自己。

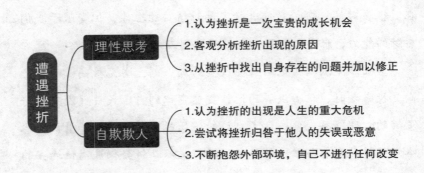

遭遇挫折

理性思考
1.认为挫折是一次宝贵的成长机会
2.客观分析挫折出现的原因
3.从挫折中找出自身存在的问题并加以修正

自欺欺人
1.认为挫折的出现是人生的重大危机
2.尝试将挫折归咎于他人的失误或恶意
3.不断抱怨外部环境，自己不进行任何改变

不可否认的是，这世界上确实存在着一些"受害者"，正如瑞士现代著名儿童心理学家让·皮亚杰所认为的那样，负面的原生家庭影响，确实会让人在未来的社会竞争中，有着先天性的劣势。

曾经有一部热播剧《都挺好》，让许多人意识到原生家庭对子女性格塑造的影响，于是许多人开始毫无根由地自称为"受害者"，开始哭诉自己在原生家庭中所遭受的苦难。但这种哭诉逐渐不受控地蔓延：有人将自己的懒惰归咎于父母；有人将自己的平凡归咎于家庭；……却鲜有人考虑自己的过错与责任。

一切的一切，都可以推给原生家庭，推给父母，抑或推给自己的上级领导。由此一来我们只需要生活在"自欺欺人"的盒子之中，倾尽全力地扮演好"受害者"的角色，让家人、朋友、领导、所有关心与照顾我们的人，去安慰我们的同时承担责任，甚至是承担后果。

　　"工资太低所以我没有动力；

　　"领导太笨所以没有成果；

　　"时间太紧所以无法完成；

　　"同事太懒所以进度落后"

　　…………

　　幸运的是，我们总能找到借口；不幸的是，这些借口对我们没有任何正面的意义。我们所有的推诿与指责，都是可以被轻易识破的狡辩。毕竟工资太低、领导太笨、时间太紧与同事太懒，不过是臆想出来用以满足我们"受害者"角色的借口。我们只是在绞尽脑汁地搜寻他人的错误，以此来逃避我们自身的不足。

　　习惯于指责他人，习惯于逃避责任，习惯于忽视问题，使我们进入了"自欺欺人"的盒子之中，自然也就失去了提升自己，获得、追求更美好生活的可能与机会。因此对于每一个对美好生活抱有渴求的人来说，都应该拼尽全力地走出"自欺欺人"的盒子，不再扮演受害者的角色，从而步入正确的人生轨道。

　　想要去改变，想要停止扮演"受害者"的角色，或许有人会给出改变归因风格，抑或客观分析自身的方法，但那都很难称得上是根本原因。只有当我们找到真正的根源，才能随之找到改变的方式。

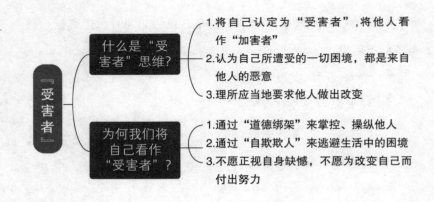

『受害者』

什么是"受害者"思维？
1. 将自己认定为"受害者"，将他人看作"加害者"
2. 认为自己所遭受的一切困境，都是来自他人的恶意
3. 理所应当地要求他人做出改变

为何我们将自己看作"受害者"？
1. 通过"道德绑架"来掌控、操纵他人
2. 通过"自欺欺人"来逃避生活中的困境
3. 不愿正视自身缺憾，不愿为改变自己而付出努力

## 1. 跳出童年行为惯性

小时候，我们哪怕是故意打碎一只碗，只要开始号啕大哭，指责这只碗砸到了我们的脚，自然就无须面对父母的指责，反而会收获父母的安慰。

现在我们来想一想，我们为什么自然而然地要扮演"受害者"？我们又为什么要逃避责任指责他人？根本原因在于，童年时期的我们，有着父母爱意的支撑，可以不用去真正面对错误行为的后果。我们只需要推卸责任，表现出一副"受害者"的模样，装装可怜，父母自然就会安慰我们，帮助我们解决麻烦；只要我们将问题归咎于他人，就可以避免指责。

这种行为习惯，逐渐形成了一种潜意识中的思维惯性。但这种行为惯性，是基于父母对我们无条件的爱意，当我们步入职场后，没有人有责任与义务，去容忍我们的无理取闹。

## 2. 获得承担责任的能力

很多时候，我们并非没有试图去改变，或者说并非完全地不愿承担责任，只是在童年行为惯性的作用下，我们似乎失去了承担责任的能力，我们习惯于扮演"受害者"，以一种本能的方式，推诿责任，指责他人。

那么，我们如何改变这一点呢？或许其实很简单，这只需要我们在扮演"受害者"的同时，去充当"拯救者"的角色，以此来增加我们承担责任的能力。我们可以主动地去安慰那些处于焦虑中的人、主动地去宽慰那些正在经历低谷的人，通过一句句"你很棒""我也有错"，从而侧面地承担部分责任，逐渐恢复对责任的承载力。

通过不断地扮演"拯救者"角色，逐渐内化我们的责任承担能力，最终自然而然地跳出了"受害者"思维，以一种成年人的方式，去面对世间的一切挫折。由此，我们将得以真正地踏上追寻幸福、美满生活的道路。

# 时感疲惫的你，
## 其实仅仅忽略了一件事

科技进步带动生产力的提升，使得人类以极快的速度，建造了一座又一座"钢铁丛林"。而伴随着"钢铁丛林"一并而生的，却是人们愈加焦虑与疲惫的精神。日出而作、日入而息的淡定从容，逐渐被工位上堆积成山的文件、公司里难以处理的人际关系所取代。疲惫，也就成了当下许多人的精神代言词。

我们或许可以说服自己，科技进步与互联网普及所带来的信息爆炸，使得人类尚无法完全适应，因此那些足以压垮我们的疲惫，不过是适应过程中的短暂阵痛。但这种勉强的自我说服，很难真正地得以奏效。毕竟我们总能发现身边的同事、朋友中，有许多人正以饱满的精神与充足的行动力，畅快地享受着这世界的变化。

对于一个敏感的人来说，更能感知、体会到精力不足所导致的疲惫。哪怕是经过昼夜的更迭与充足的睡眠，在敏感的我们睁开双眼的那一刻，精力便会快速崩塌到岌岌可危的状态。岌岌可危的精力、如影随形的疲惫，无疑对我们的生活与工作造成了剧烈的负面影响，因此，当务之急便是找到疲惫的根源。

　　我们常说神话故事是人们对现实世界的夸大描写。那么即使在这些夸张的神话故事之中，比如罗马神话中力大无穷的赫拉克勒斯，也有着精力耗尽之时。精力的有限性，使得我们在生活中都不可避免地要去面对精力不足所产生的疲惫感。更遑论在这个信息爆炸的时代，我们所需要关注与品读的信息更为多样，精力资源自然变得更为捉襟见肘。

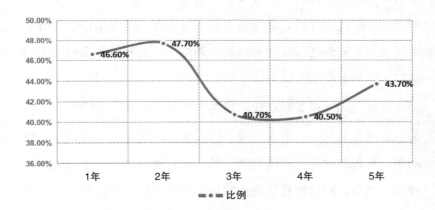

**不同工作年限职业倦怠比例**

　　我们每个人自然有着将疲惫合理化的借口，毕竟我们在社会中生存所必须付出的劳动，本身便是一件耗费精力并让人感到疲惫的事情。可是哪怕我们为这种疲惫找出再多合理化的借口，也无法消弭疲惫导致的"力竭"状态。它不仅使我们产生抑郁情绪，同时也导致我们的工作效率与生活质量都受到严重的影响。

1995 年，远在大洋彼岸的研究人员提出的"职业倦怠"理论，使得许多人理所应当地认为，长期工作所造成的压力与心理负担会逐渐消耗人们的精力，最终导致身体与心理上的疲劳。但在这个理论之中有一个关键的前提便是：疲劳的产生是在精力消耗殆尽之后。这便意味着，疲劳本身并不是必然存在且无法抵抗的；相反，只要一个人有着足够的精力，在精力被耗尽之前，便无须担忧疲劳的烦扰。

相较于过往书信很远、车马很慢的"慢节奏"时代，当下我们所面临着的信息数量与深度，是过往所无法企及的。正如一些职场剧所描述的那样，如今的人们不仅需要去精进工作本身所需要的技能，同时还需要面对组织协调能力的提升所带来的庞大的部门体系与复杂的人际关系。

因此我们可以看到这些职场剧中的某个角色，在职场中不得不根据场合、人群、语言，竭尽所能地去理解他人意图、情感与期望。这种被称作"品读空气"的文化，逐渐成为高压职场的一种必备技能，而这种技能的掌握与应用，可想而知需要消耗多么大的精力资源。

仅仅工作本身就足以消耗我们大量的精力，使我们陷入疲惫之中。但人生并非仅仅工作，生活的不确定性，也在不断地压榨着我们所剩无几的精力。甚至，我们不仅要面对物质的压力，还要去面对内心的压力，如孤独、失落与无助，等等。这无疑使得我们每时每刻，似乎都处于精力不足的疲惫之中。

由此，我们可以明确地感知到，精力的不足导致了我们的疲惫。但如果我们举目四望，却时常惊讶地发现，许多与我们处于相同处境中的人，不仅没有表露出疲惫状态，反而还活力四射。那么，这到底是为什么呢？

在生态心理学理论中，认为人与环境之间是互动的，环境与人之间的关系是动态过程，不断地互相影响与塑造。但另一个现象我们也不能忽视，那就是我们可以对环境变化有着敏锐的感知，却很难快速地接纳环境变化后的心理与技能要求，甚至，我们并不希望环境产生任何变化。

正如，科技、互联网的发展虽然快速地改变了我们所处的环境，但许多人却无法认同这种变化的合理性，反而会认为这种变化是短暂的，甚至是会快速消失的。这种对环境变化的抵抗，根源上来自我们对未知事物的恐惧，对现状的不安与对风险的担忧。因此我们在用我们的精力面临如此巨大的挑战的当代，许多人仍旧对精力的认识与运用处于懵懂状态。

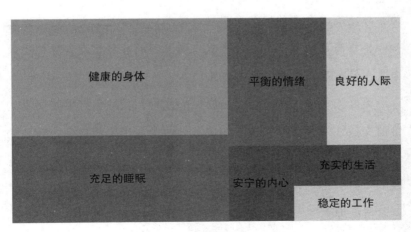

**精力的构成**

虽然我们大都可以认识到自身精力不足所导致的疲惫，却鲜有人去想精力是如何构成的，又该如何去补充它。在当下，仍有许多人认为，精力本质上是一种平等的资源，并不存在后天的磨炼，并片面地认为精力的恢复，来自充足的睡眠。

当时钟终于指向下班的那一刻，林凌，这位标准的职场普通员工，偷偷地看了眼经理的工位。空空如也的工位，与周边跃跃欲试的同事，使林凌今天终于难得地准时下班。在迈出公司大门的那一刻，林凌精准地摸出了手机，开始了这一天的"休息时间"。

手机精彩纷呈的信息，伴随她结束漫长的通勤、伴随她迈过长长的街道，最终与她一同躺在沙发之上。很难说林凌在这个过程中，是否有将手机从视线中移开。毕竟这个过程，林凌与手机，均已在无数次的重演中，变得无比熟悉。

"这是难得的休息、放松时间，一定不能浪费。"对这种行为，林凌有着自己的定义。而这种定义，恰恰是社会中的普遍认知。根据自己的喜好去选择手机中所呈现的各种信息，这似乎是当代人最为习惯的放松休息方式。

美好的事物往往有着显而易见的代价，获取美好事物所需的价值交换往往摆在最为显眼的位置。一个人想要获得一个较高的学历，显而易见需要付出多年的寒窗苦读。而那些看起来完美无缺的美好，却恰恰可能是伊甸园生命之树上那鲜艳娇滴的苹果，有着早已埋下的，远超诱惑本身的代价。

沉迷于通过手机进行放松与休息，从而得以恢复那所剩无几的精力，是林凌，也是社会中大部分人的生活方式。但如果我们客观审视自己的内心，不免会发现，这种所谓的放松与休息，不过是我们的一种自我欺骗与麻痹罢了。毕竟，当我们的目光不断地跟随手机中的资讯而移动，当我们的情绪随着手机中所呈现的内容而波动时，本身便是一件消耗精力的事情，每一次因困倦而从我们手中跌落的手机，都在警醒着我们这一点。

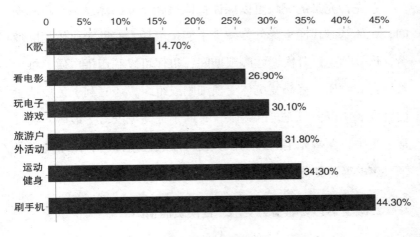

**职场人业余爱好**

显然，许多人并没有真正地意识到，现代社会普遍认同的精力恢复方法，如追剧、玩游戏、刷手机等等，其实反而是在消耗着人们的精力。白天被工作压榨到所剩无几的精力，最终在这些错误的精力恢复方式之下被消耗殆尽。

敏感的我们，在工作、生活中费力地"品读着空气"，使精力不断地消耗却没有得到足够的补充，自然会让我们每天深陷疲惫与焦虑却难以自拔。

既然任何事物都有着两面性，那么敏感在赋予我们敏锐的嗅觉，使我们可以快速地捕捉到情感、环境变化的同时，也让我们在无意之中消耗了更多的精力。由此对于敏感的人群来说，找到正确的精力恢复方式，则显得尤为重要。

### 1. 保持充足的睡眠

首先，充足的睡眠可以保证机体得到充分的休息。在睡眠期间，机体基础代谢率降低，减少了能量消耗，有助于机体消除疲劳，恢复体力。其次，在睡眠期间，机体可以利用蛋白质、维生素等营养物质，来修复机体受损细胞或组织，还有利于免疫球蛋白合成。所以保持充足的睡眠，有助于提高免疫力。最后，在日常生活中，保持充足的睡眠，一般可以放松精神，有助于规避紧张、焦虑等不良情绪。

### 2. 减少不必要的精力支出，置换负面情绪

繁杂的工作、重复的劳作与体力上的不支，自然是尽人皆知的精力消耗因素。但除此之外，还有许多被我们所忽略却至关重要的精力消耗因素。例如消极的情绪、枯燥的生活、内心的焦虑等等。这些因素，恰恰是使人精力产生差异的关键。

因此，想要精力获得足够的恢复，首先需要考虑的便是减少不必要的精力支出，减少情绪、心态、生活的负面影响。想要在短时间内去消灭这些负面因素，显然是不切实际的，不过我们仍可以使用情绪置换的方式，在负面情绪萌生时，迅速以自动化应答的方式，将念头置换到那些我们预先设置好的积极画面之中。

### 3. 通过正面激励获得精力恢复

我们可以看到许多创业者，哪怕每天仅仅休息几个小时，仍能精力满满。什么原因呢？对了，关键因素：正面激励。

正面激励有着多种多样的来源：对于一个长久没有运动过的人来说，简单的慢跑便足以称得上是正面激励；对于一个长久没有阅读的人来说，十几分钟的阅读，也足以称得上是正面激励。

简单地概括正面激励，便是那些能使我们感受到收获的事情，能让我们感知到自身成长的过程，其本质上，是我们付出一定努力，并获得回报的过程。哪怕努力再短暂、哪怕回报再微小，也都会使我们恢复更多的精力。

通过这种原则，我们不难发现，追剧与刷手机，并无法使我们获得精力的恢复，因为过程中并没有努力与回报的体现。而看书、慢跑这些看似需要付出精力的事情，却恰恰是精力恢复的关键方法。

我们不能将体力与精力混为一谈，诚然体力的不足会导致精力的不足，但体力的充足，却并无法使精力获得足够的恢复，因为精力的恢复，更注重精神上的正面激励。

# 希望得到他人认同？
## 其实你最应该与自己和睦相处

　　人是社会性的动物，我们的归属感与认同感，来自与他人之间的交流互动之中。但人际的复杂性与社会的多样性，使得我们哪怕是穷尽一生，也很难真正去洞悉、掌握这世间的变化。在人类的历史长河中，很多看似无误的观点、理论，在经过时间的考验后却被证明是错误的。也难怪法国哲学家布莱兹·帕斯卡会感叹道："真理是时间的朋友。"

　　我们很难清楚地感知到自己在一个群体、社会中的真实角色与地位，我们只能通过猜测、揣摩与对比，获得一个模糊的答案。这种模糊的不确定性，使得我们不得不尽可能多地获取信息，因此我们总是会以敏感的态度，观察他人对我们的评价，并尽可能地从细微处，揣摩出他人的真实意图。即使是这个过程是痛苦且焦虑的，但似乎总有一种力量，在强迫着我们不断重复这一行为。

　　可惜的是，哪怕我们再费尽心机地揣摩，可受限于我们自身的知识、见识与情绪，我们仍很难揣摩出真正的答案。毕竟每个人都是复杂且善变的，哪怕是宣之于口的表达，也都会有隐藏的深意。那些我们从他人身上费力捕捉的细节，本就不具备准确性。我们也就不可避免地，在患得患失中焦虑不已。

人类本质上是骄傲的，作为有自我意识和自我认知的高级动物，我们不可避免地认为，自身具有天然的独特性，并且要求自己在生命的过程中，实现足够的自我价值。哪怕是表现出低自尊感的人，本质上也是对理想自我要求过高所造成的落差导致。这种骄傲，促使着我们自然而然地追求着社会环境中他人的认可与赞誉。

我们每个人都对自我的生存和发展存在追求，而想要衡量我们生存与发展的进程，则不免需要借助他人的评价，来使我们能精准地定位自身的价值。孩童时期我们需要来自家长的认同，才能得知我们的发展进程；成年后我们需要公司领导的认同，才能确认我们对技能的掌握程度。

但对于敏感的我们来说，敏锐的嗅觉与细腻的心思，很容易使我们陷入对外界评价的过度追求之中。我们开始逐渐忽视自我内心的需求与价值，转而开始根据他人的期待与要求改变自己。我们变得很难自我肯定，只能依赖于他人的认可与赞扬。

在集体文化中，我们总是尽可能地使自己与他人表现得一样，毕竟如果我们表现得特立独行，则不免会被看作一个怪异且无法理解的人。正如《我们由奇迹构成》这部剧中所描述的那样，特立独行的男主角一辉，总是无法完全地融入集体之中。他人所感兴趣的事情，他只感到索然无味；而他觉得兴趣盎然的事情，他人却只是觉得怪异。

或许我们可以为一辉想出很多办法，让他尽可能地调整自己的爱好，从那些他看来枯燥的集体活动中挖掘出兴趣所在。但一辉选择了另一条道路，他选择了最应该和睦相处的那个人。而那个人，便是他自己。在他做出这样的选择之后，他并没有招致他人的负面评价，反而收获了更多人的尊重与认同。

在工作、生活中的我们，或许并没有遭到很多的负面评价，我不过是观察、感知到了他人负面的情绪，我们便开始惴惴不安。我们担忧于这些负面情绪是否由我们所导致的，我们开始回忆自己到底做错了什么，甚至是已经想好了该如何道歉。

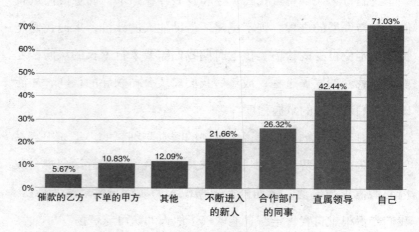

**职场人压力来源**

对他人正面评价的渴求，使我们完全地忽略了自己。他人的一举一动，甚至仅仅是轻飘飘的目光扫视，都会让我们陷入沮丧与失落之中。而这些沮丧与失落，最终促成我们的焦虑与抑郁。

以这种方式生活，可想而知是何等难堪的重负。

　　因果关系的复杂性与多变性，使得我们很难确保自己的所有决定都是正确的，那些过往的错误判断，随着不断的重复，最终沉淀内化为我们的一种行为惯性。我们甚至很难意识到这些错误行为的存在，因为它似乎已逐渐成为一种本能。

　　一个优秀且正直的人，注定会在社会中收获到足够的认可与赞誉，但一个收获足够认可与赞誉的人，却并不一定是一个优秀且正直的人。一个人只有先实现了自我价值，才能理所当然地去收获认可与赞誉。但我们却常常犯下因果倒置的错误，抛弃掉自我内心的需求与追求，放弃自我价值的实现，却固执地寻求他人的正面评价，这不仅是一种因小失大，更是一件注定求而不得的苦差事。

　　职场中有这样一种人，他们脸上总是带着和善的笑，不管同事有什么请求，他都会毫不犹豫地伸出援手。孙杰，在职场中便是这样的一个"老好人"，虽然繁杂的工作与请求让他感到疲惫，但将吃亏是福挂在嘴边的他，似乎从未因此而感到烦恼。

　　因为在孙杰看来，自己虽然做了更多的工作，但这更像是一种投资，只要与所有人的关系和睦，未来升职加薪，自然是不在话下。因此他常常乐此不疲地流动于各个岗位之间，解决其他同事的燃眉之急，全然忘了自己的本职工作是什么。

　　但孙杰所期望的升职加薪，却一直没有如期地到来。相反，上级领导对他的本职工作常感不满，毕竟时常帮助同事的孙杰，自然无法将全部的重心，放到本职工作的精进之中。孙杰无奈地编织了无数的理由，继续维持着对升职加薪的期待，直到他的名字出现于裁员名单的那一刻，这本就不切实际的幻想才终于得以破裂。

当孙杰一脸落寞地收拾工位，最后一次与同事告别时，确实收获了满满的暖意。同事们不舍与关怀的场景，本该令孙杰铭记一生。可惜的是，最终随着离职后长时间的不联系，与愈加冷淡的关系，场景逐渐变得模糊不堪，直至再也无法回忆起来。

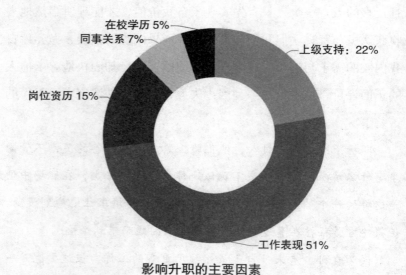

在校学历 5%
同事关系 7%
上级支持：22%
岗位资历 15%
工作表现 51%

**影响升职的主要因素**

诚然，孙杰帮助了许多人，那些得到他帮助的人虽然惦念他的善意，但这并无法改变什么。因为孙杰在追求他人的认同与赞誉时，忽略了自我价值。那些认同与赞誉，没有自我价值的支撑，也不过只是空中楼阁罢了。毕竟他人的认同与赞美，并不应是在一次次的小心奉承中祈求而来，而应是体现在自我价值之后所自然而然收获的附加品。

我们为了他人的认可与喜爱，不断牺牲自己的利益与需要，但最终我们大多无法得到丝毫的认可与喜爱。毕竟，一个没有主见，随时根据他人改变自己意念、想法的人，本身便没有自我的形状，又如何能获得认同与赞誉？

如此在意他人评价的人，却没有收获任何长期、稳固的认可与赞誉，在焦虑与抑郁中沉沦，也就无可厚非了。

许多人总会犯一个北半球自我中心错误，总认为他人在关注着、评价着自己。无论是衣服上的灰尘、稍显晕染的妆容，抑或一个微小的表情，总会被他人清晰地放大。当我们以这种心态去揣测他人时，不免会担忧于他人对我们的注视，会担忧于他人对我们的评价。但实际上，正如心理学中的透明度错觉所描述的那般，我们的许多变化，根本不会引起他人丁点的注意，因为我们并不是人群的焦点。

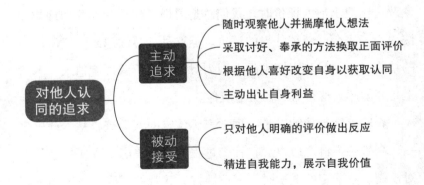

虽然人类的社会性，使我们无法彻底摆脱对外界评价的渴求，我们也确实需要他人的认可与赞誉来获得安全感与收获感。

但这些认可与赞誉，理应来自我们所实现的自我价值，而不是来自祈求与奉承。

在长久的求而不得中，我们或许已经深刻地意识到自己行为逻辑中的错误，但习惯于通过牺牲自我利益与个性换取他人评价认同的我们，又该如何对抗这股庞大的、近乎本能的习惯，从而得以解脱出来，找到内心安宁，以一种淡然处之的方式，实现自我价值？

许多人都尝试过放弃追求他人的评价，我们也大多尝试与学习过类似培养自信心、反思与成长、学会拒绝等方法。但这些尝试与学习，往往是收效甚微，或是在不经意间就被我们抛之脑后。

### 1. 高敏感人群的社交适应性

从一个极端走向另一个极端，是我们很容易犯下的错误。当谈及过度追求他人评价时，我们总是习惯性地认为，我们理应关注内心，完全屏蔽掉外界的评价。但这种二分法思维方式所得出的结论，必然是难以实现的。因为对外界评价的过度追求，本质上是高敏感人群特有的社交适应性。

获取支持与接纳，是心理学家所认定的人类核心基本动机之一，高敏感人群之所以会在社交过程中感到焦虑，本质在于其面对模糊、不确定的线索时，习惯性持有悲观的态度，对事物进行了负面的认定。

正如他人眼底隐藏的愤怒，可能是家中的琐事引发，但当高敏感人群捕捉到他人眼底的愤怒时，却会认为是自己的某些行为导致了对方的愤怒，也就不由得开始担忧对方的负面评价。这种对模糊、不确定线索进行负面认定的社交习惯，使得高敏感人群往往会承受许多不必要的压力。

因此，对于敏感的我们来说，首先需要做出的改变，便是学会如何区分线索的真实性，并开始有选择性地忽略那些模糊、不确定的线索。

### 2. 高敏感人群的情感转移

高敏感人群的社交适应性，导致其承受了许多本不应承受的评价压力。如果说数量上的堆叠尚不足以使高敏感人群陷入焦虑与抑郁之中，那么评价压力质量上的增长则无疑会成为压倒高敏感人群的重负。

评价压力质量上的增长，指的是同样的负面评价，对于低敏感人群来说，可能仅仅造成短暂的负面情绪。但对于高敏感人群来说，这种负面情绪会持续更长的时间，并且对自身的情绪造成更为强烈的影响。

高敏感人群之所以会面临更为强烈的负面影响，很大程度上来自将孩童时期对父母的评价依赖，在成年后转移到了任何的潜在评价者身上。在孩童时期越是受到来自评价者打压的人，越是容易在成年后将这种对正面评价的依赖，转移到他人身上，开始过度惧怕、担忧他人的负面评价。

这其实很好理解，对于尚未能完全获得自由的孩童来说，当表现出评价者不满的行为时，自然会遭到评价者的处罚。面对这种处罚，孩童只能被动地完全承受，并没有回避、抽离的机会。在这种家庭氛围下成长的孩童，不免在成年后成为一名高敏感个体，并将对父母的评价依赖，延伸、转移到其他潜在评价者身上。

因此，如果想要彻底地改正自己对他人评价、认同的过度追求，则需要意识到，成年后的世界并不存在如父母那般的绝对评价者。成年后的我们，也有能力去对抗那些不实的错误评价，更可以选择脱离负面的社交场景，自由选择自己的人生。

# 不吝以最大恶意揣测他人的你，
# 一定很害怕吧

人类的发展有着一致的目标性，建立一个互相尊重、互相理解、相互合作的和谐世界，是许多人所为之努力的方向。可想要在地面上建立天国，显然需要时间的帮助。当下来说，不同的利益、人格、价值观，使得人与人在相处的过程中，经常会由于矛盾与误会，产生摩擦与冲突。

面对这些摩擦与冲突，受不同的文化、习惯、情绪影响，自然会催生出许多不同的应对方式。这些应对方式在多次运用之中，逐渐形成心理上的场景预设。我们在面对摩擦与冲突的可能时，大脑会自动地将信息与我们已有的预设进行匹配，并快速地做出反应。

预设虽然可以使我们有效且快速地处理信息，但由于预设本身不易被主观意识所察觉，这使得它在对外界信息解释和理解的过程中，常常产生我们所无法注意到的偏差与误解。预设的形成，本身便是非理性的。它受个体的文化、习俗、意念所影响，并不是一种有效、客观的思维方式。

近些年，越来越多的人出于自我防备意识，开始不吝以最大的恶意揣测他人，将过往小概率性的摩擦与冲突，扩大为一种普遍性事件。我们习惯将他人与我们的互动，预设为一种充满恶意、别有用心的阴谋。

诚然，我们在交际的过程中，不免会有几次遇人不淑，遭到来自人际关系上的伤害，因此出于风险规避的原则，许多人开始遵循俗语中的"防人之心不可无"来保护自己，这称得上情有可原。但当这种防备之心成为指导我们行动的预设后，则不免使我们陷入对事物的错误理解之中，甚至会将他人的善意扭曲为一种恶意。

当我们开始以恶意去揣测他人的行为时，也就不可避免地陷入一种扭曲的错误之中。我们不仅会忽视对方所释放的善意，同时也会导致我们长时间处于一种高压的人际交往环境。正如，在职场中，若是我们以恶意去揣测他人行为背后的动机，哪怕是同事看到我们工作繁重，主动向我们伸出援手释放善意，我们内心也会认为其别有用心。

错误判断他人行为背后的动机，不仅会使我们陷入偏见与错误之中，更为重要的是，这种对他人行为错误的应对方式，必然会导致我们很难建立起良好的人际关系。我们只记得"害人之心不可有，防人之心不可无"，却经常忘了《庄子》中那句："以诚感人者，人亦诚而应之；以慈怀人者，人亦慈而应之。"

　　情感悬疑剧《回响》中有一个有趣的"慕达夫谜题"。剧中男主慕达夫是大学文学教授，深受浪漫主义影响的他，却在行为上表现得有些癫狂。在这部剧中，许多影迷一直有一个疑问：慕达夫到底有没有出轨？这种对开放剧情的探究，往往会使影迷迅速分化为两个群体：有人坚定地认为慕达夫并未出轨；有人则认为慕达夫必然并且已经出轨。但这实际上是原著作者故意设置的一道测试题。在他看来，善良的人会以善意揣测他人；恶毒者往往用恶意揣测他人。在重复揣测与话语上的争夺时，真相也就变得不再重要。

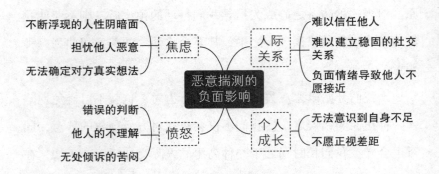

　　我们在生活中，经常可以遇到心怀恶意者。他们在面对他人的成就时，往往不吝以最大程度的恶意去揣测对方成就的来源。一个人得以升职，背后必然有无数人觉得他凭借的是关系；一个人赚到了钱，自然也有无数人会将他努力的回报，看作不义之财。

每当我们听到这种对他人的恶意揣测时，嘴上可能说着认同，内心却常常感到不适，毕竟我们也会担忧，自己的成就是否也会招致这样的评价。其实，我们不必担忧，因为我们的任何成就背后，必定会有这些心怀恶意者的恶意揣测；我们不必愤怒，因为我们自己也时常扮演心怀恶意者的角色。

没错，我们每个人都必然扮演过心怀恶意者的角色，甚至说，直至今日，我们仍会为自己过往对他人的恶意揣测而感到愧疚。我们需要明白，恶意揣测他人，会让我们脑海中不断浮现人性的阴暗面，从而使我们产生焦虑的情绪，更会让我们认识不到与他人的真实差距，从而在一次次的自我麻痹中，止步不前。

性善论与性恶论，是一个长期存在的争议话题，在不同的历史时期与文化传统中，有着不同的观点和看法。如果我们从现代的毕生发展理论来看，便可以发现人类在成长发育的过程中，性善与性恶本就是共存且互相影响与切换的。

当我们以"心怀恶意者"这几个字去对恶意揣测者进行形容，不免会让我们觉得，恶意揣测这种行为，是恶意者镌刻于基因中的本质，是根植于内心中的恶意在作祟。这种认定显然是不合理的，毕竟正如前文所说的那样，我们每个人或多或少地有过恶意揣测他人的经历。

我们并非生来便满怀恶意地揣测着他人与这个世界，而是我们在经历种种挫折、伤害、打击、背叛之后才不得不学会以恶意揣测的方法防止自己再次遭受曾经那般痛苦的伤害。在这种无奈之下，选择通过恶意揣测他人来保护自己的行为，恰恰是美国心理学家卡伦·霍妮所说的，恶意揣测是"感到来自外界的强大危险而萌生的一种缺乏防御能力的感觉"。

不同的行为模式与倾向，造就了我们不同的心理特征，由生理、心理、社会所共同塑造的我们，最终随着一次次的选择迈入不同的人生道路。在面对来自他人的伤害、打击甚至是背叛时，我们所选择的应对方式，自然决定了我们最终是否会恶意揣测他人。

我们都曾在过往的生活经历中，面对来自他人的伤害。他们或是在工作中刻意地针对我们，或是以一种恨绝的方式背叛了我们。我们如何面对这种痛苦？理性告诉我们应该直面伤害，消弭其中可能存在的误会，并在未来找到一种更为合理的相处方式。

人是理性的动物，却常常被感性所支配，直面伤害在许多时候不过是一种理想化的应对，对于过于敏感的我们来说，逃避似乎来得更为容易。当他人的针对与背叛来临时，我们唯一想到的便是逃避，在痛苦与恐惧中品尝自己的无力感，静静地等待着损失的到来。

无力感，是一种可怕的感受。因为与无力感所对应的，便是我们与生俱来所迫切渴望的掌控感。我们需要对事物具有掌控感，从而才能确保自己处于安全的环境之中。当我们丧失掌控感，被无力感所包围时，我们不免会降低自我评价，认为我们本就没有解决问题、防御危机的能力。

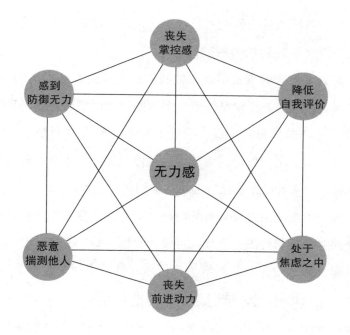

　　没有人愿意长时间品尝无力感的滋味，因此在自我服务的心理机制作用之下，我们学会了自我辩解。我们将无力、挫折、失败，完全地归咎于他人的主观恶意，从而逃避真实的自我，逃避与理想自我之间的落差。

　　一个人在感知到他人的敌对时，常常是由于自己内心挫折感所导致的反应，而不是外在环境或其他人的问题。心理学家卡伦·霍妮敏锐地意识到了这一点。这种心理防御机制中的投射行为，恰恰揭示了我们会以恶意去揣测他人的原因。

　　人生有那么多的挫折与危机需要承受与突破，这无疑是一件令人倍感压力的事情，但当我们学会自我辩解之后，似乎找到了一条人生的捷径。我们将职位的原地踏步归咎于上级领导的不公；我们将糟糕的人际关系归咎于他人不怀好意……由此，我们再也不需要品尝无力感的滋味。

无力感带来的自我辩解，使我们恶意揣测着这世间的一切。我们痛苦、焦虑甚至说是恐惧。但这些负面情绪，并非来自这个世界，而是来自我们自身。我们怕的并非他人，而是未来的自己。我们所付出的代价，无非是永远停止进步，永远面对糟糕的人际关系，永远活在自己所编织的虚幻世界之中。

人是生而便会自我辩解的动物，毕竟在社会之中生活，我们总要面对挫折与打击，而自我辩解，有助于我们不会长时间沉浸在负面情绪之中。自我辩解为我们所寻找的借口，是那么完美。它既可以使我们快速挣脱无力感，又可以让我们心安理得地不去成长。

可惜的是，自我辩解为我们所寻找的借口，永远不可能固化为现实。当我们的个人价值不断下降，当我们在错误的行为之中不断沉沦后，世界的残酷总归会让我们在某一刻惊醒。可惜的是，在我们最终惊醒的那一刻，往往已经失去了改变的可能与机会。

因此，我们不得不在面临更为巨大的挫折之前，从恶意揣测的错误行为惯性中挣脱出来，面对真实的世界，且从中找出专属于我们的救赎之道。那么，我们该怎么做呢？

## 1. 感知

长久的自我辩解，已经成为一种内隐性、习惯性的行为。我们以条件反射的形式去恶意揣测着他人，这一过程，并不需要主观意识的参与。想要打破这种思维惯性，则需要有意识地引入主观意识，尽可能最大化地感知与理性地思考。

我们可以通过连续追问，达到对自我思维的观察，通过感知自己的内心，找到自己真正所逃避、恐惧与抗拒的事情。

· 我是在恶意揣测对方吗？

· 我的揣测有什么依据吗？

· 通过这种恶意揣测，我能收获什么正面情绪吗？

· 我为什么会收获正面情绪，我是在通过自我辩解逃避什么吗？

· 我所逃避的事情，真的能通过恶意揣测而得以消失吗？

通过一系列逐渐深入、理性客观的思考，我们能够意识到恶意揣测往往是站不住脚且荒谬无比的。同时我们也可以找出我们真正所逃避、恐惧与抗拒的根源，这些根源恰恰是造成我们负面情绪的关键因素。

2. 接纳

无力感导致了自我辩解。出于自我辩解，我们开始用恶意揣测的方式，来减轻自己理想与现实的落差。通过一系列的追问，我们逐渐可以清晰分辨对方是否具有恶意、我们又是否在自我辩解。但其实我们并不需要完全地消除自我辩解。我们所需要的，是在接纳自己的同时，合理且适当地运用自我辩解。

自我辩解是一把"双刃剑"，合理运用它的话，它可以帮助我们聚焦于重要的事物之中，不被细枝末节所烦扰。对于那些已经无法挽回的事情，我们可以运用自我辩解消除事物所带来的负面影响。正如因为我们过往错误的操作，导致公司蒙受损失，但只要我们再也没有犯过类似的错误，此事对我们来说便已经过去了，我们也就可以通过自我辩解，来防止那些过往事物给我们带来焦虑。

对于那些无法解决的问题，我们也可以运用自我辩解，比如我们在公司中被同事一直针对，哪怕经过多次的沟通仍然无法和睦时，我们则可以利用自我辩解，认定错误在于对方身上，从而防止我们自身陷入长久的负面情绪之中。

但是，我们需要防止自我辩解蔓延到关键领域之中。所谓的关键领域，便是涉及我们个人成长与自身行为的。正如许多人在考驾照的过程中遇到许多挫折，不应将问题归咎于教练的不认真、考官的不负责任，而是应该认识到自己的学习不够认真，对这项技能的掌握不够全面。

# 善良的你，
## 何必总去猜测他人心思

善良的人，往往秉承着高尚的价值观和道德标准。因此，他们在理解、帮助他人时，需要付出巨大的精力与时间，自然也在承受着更多的责任与压力。一个敏感的人，往往有着善良作为根本驱动力，因为当敏感的我们在努力猜测他人心思时，本就已经做好去了解、帮助他人的准备。

善良有着高昂的成本。当我们捕捉到他人负面情绪，并准备去帮助对方时，往往会面临艰难的抉择。毕竟他人的期许往往与我们本身的利益相冲突，哪怕是举手之劳，也需要我们付出体力与时间的成本。他人期许与自我利益之间的冲突，虽然可以通过善良来进行调解，但在善良的作用下，最终往往意味着我们需要出让自身利益迁就他人。

强烈的同理心，毫无疑问是一种宝贵的精神财富，但想要长久地维持下去，却并非一件易事。如果说任何的善意最终都能被善意所回报，那么对于敏感且善良的我们来说，或许仍能够苦苦支撑。但很多时候，善意往往是无法得到直接的回应，或者说没法得到足够的回应。

当善意没有得到足够且强烈的回应时，我们不免开始质疑自己的行为是否存在问题，也就不免开始去猜他人的心思，以便更好地理解他人的情感需求。这种出于好意的猜测，却很快会在认知闭合需要的作用下，逐渐走向错误的方向。

"混乱"这两个字，往往使我们脑海中浮现出负面的场景，因此我们每个人，都本能地厌恶混乱。但我们所厌恶的，其实并非混乱所描述的场景，而是混乱本身。对于任何事物，我们都迫切想要一个答案，哪怕这个答案是错误且荒谬的，但比起混乱，它都更让我们感到安心。我们天生讨厌混乱，因为混乱所代表的不确定性意味着不可预知的风险。

在心理学中有一个有趣的观念叫作认知闭合需要，指的是我们在认识和理解世界、与这个世界互动时，往往倾向于通过少量信息来武断地下定结论。因为采用简单的思维模式与快速的决策方式，便于我们在复杂的环境中寻觅到掌控感与稳定感。

当我们出于善意，希望通过猜测他人心思，从而更好地理解他人情感需求时，认知闭合需要却促使我们尽可能快地下定结论。看到别人吃甜品，我们便认定他绝不会减肥成功，却不知道他每天都在健身房挥汗如雨；看到别人在工作时睡觉，便认定他在偷懒，却不知道昨天晚上他彻夜在公司中完成企划方案。

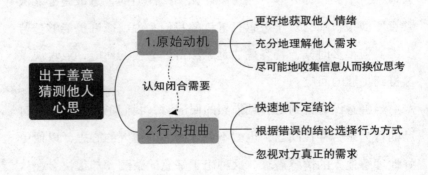

在认知闭合需要的作用下，我们往往会以偏概全地猜测他人，不仅无法真正感知他人情绪，反而会产生许多误解。如果我们根据误解去调整自己的行事方法，那么哪怕我们怀有强烈的善意，也不免会让对方感到不快。

人生的无常，使我们很难预料自己行为所造成的后果，当我们抱有误解去猜测他人心思时，很可能会使我们遗憾终身。在奥斯卡电影《赎罪》中，女主角与家里用人的儿子相爱，但两人身份的悬殊自然是那个时代所不能容忍的。可爱情总能穿透重重的阻碍，两人在幸福与快乐中，憧憬着未来的生活。女主角的妹妹，这位有着细腻心思的作家，总是将小说中夸张离奇的场景代入现实，用人儿子的身份，不免让她对其充满了负面的猜测。当庄园内发生恶性事件时，她快速且武断地怀疑到了用人儿子身上，出于认知闭合需要，她忽略了自己的猜测是多么荒谬。一份供词，便让这位用人的儿子走上硝烟弥漫的战场。被迫参军的他，在战争的痛苦中，哪怕坚守着仅存的希望，最终还是付出了生命的代价。随着后来的真相大白，女主角的妹妹也因武断的猜测而陷入巨大的痛苦与自责之中，最终她用自己的后半生，为曾经的错误赎罪。

善良的我们，在猜测她人心思时，敏感的特质却让我们接触了太多的信息。我们不喜欢这些信息的混乱，因此在认知闭合需要的作用下，我们快速，或者说是盲目地去下定结论。这些无效且毫无意义的猜测，最终自然会让我们付出代价。

以善意所酿造的苦果，往往会对我们造成更大的伤害。我们所要品尝的不仅是"作恶"的痛苦，还会使我们对自我产生深深的怀疑，并陷入痛苦的自责之中。

我们每天念头纷飞，无定而又多变，心思流荡散乱之下，如烈马猿猴般难以控制，古人因此用心猿意马来形容人的念头。哲学上将降伏心猿，拴住意马，看作人生的一种至高境界。尚属凡人的我们，虽然很难对"定"的哲学思想有深刻的认识，但对于流荡散乱的念头，相信每个人都体验至深。

我们为什么总是无法长时间地集中精力？我们为什么无法沉

下心读完一本书？我们为什么总是在负面情绪中难以解脱？我们又为什么无法常住在快乐之中？根本原因在于，我们的纷飞的念头让我们产生了太多的无效猜测、无效思考与无效担忧。

瓦尔登，这位穿梭于埃及与意大利之间的诗人，通过短小精悍的诗歌，揭示出深刻的哲学意味。不同的文化流域塑造了他对思想的独特见解，那句"人是情绪化的动物"，恰恰点明了人类行为背后的本质逻辑：人受到情感的推动而行动。

我们的行为，受情感所推动，这使得我们对许多人心思的猜测，远远算不上是换位思考，反而可以称作以己度人。没错，之所以说我们对他人心思的猜测是无效且毫无意义的，根本原因在于，我们在猜测他人心思时，受自身情绪左右，很难去全面地了解他人，只是根据我们自身当下的情绪倾向，寻找可以满足我们情绪需要的证据。

在统计学中，往往需要摒弃一个基本错误，那便是不能预设答案去找支撑，因为这必然会在对数据进行收集和处理时，出现选择倾向。但在生活中，我们却很难意识到这点。他人不小心打翻我们的水杯，如果当下的我们正处于喜悦的情绪中，自然会认为对方不过是无心之失；但如果我们当时正处于愤怒之中，则会认为对方是故意而为。

这种依照当下情绪去猜测他人心思的行为，自然是充满误区的，我们很容易受此影响，错误地判定他人行为。好在这种现象，早已被社会学家们所关注，并总结为"情绪一致性效应"。

对他人心思的猜测，往往是无效且充满误解的。可哪怕我们能够清晰意识到其中的问题，也很难去改变自己的行为。我们总是以近乎本能的形式，不断地猜测他人心思，哪怕这对我们造成了困扰乃至痛苦，我们依然很难停止下来。

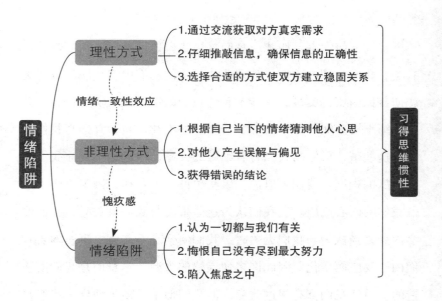

不知道你是否看过《人间失格》这本充满伤痛的中篇小说。故事中的主人公叶藏，年少时总是以一副假面示人。这副假面的模样，正是他家庭所期望的样子。在家庭这个避风港之中，叶藏却总以一副蜷缩机警的姿态，小心翼翼地猜测着他人的心思。起初，许多人认为，他不过是缺乏安全感，缺乏那来自亲人无条件的爱。但后来越来越多的人发现，他所缺乏的并非安全感，而是充斥于他内心中无处安放的内疚感。他的内疚感来自自身的一切，为生而为人而感到抱歉的他，错误地认为一切都与他有关。战战兢兢，如履薄冰般地万分艰难地侍奉着他人的叶藏，认为他人的喜怒忧思、他人的悲憎惊恐，均与他有关，是他所引发与导致的。出于对他人无限度的同理心，本质善良的他在面对他人的痛苦与不满时，理所应当地认为是自己做得不够好，是自己没有尽到最大的努力。

我们又何尝不是如此。我们总是错误地认为，一切都与我们有关，我们也理应内疚。公司业绩下滑使我们内疚，朋友分手失恋使我们内疚，父母的争吵不和使我们内疚。但事实是什么？公司业绩下滑、朋友分手失恋、父母争吵不和，是否真的与我们有关？这些事，可能与我们有着细微的关系，但远达不到让我们感到内疚的程度。我们可以说，事实也许本不存在，因为事实不过是我们的内心反应。当我们认为这些事物与我们有关时，我们便会内疚；当认为与我们无关时，我们便会毫不在意。事实随着我们内心反应而变化，因此许多愧疚感的来源，本身便是我们所臆造的。虽然我们都有想过改变，但我们似乎习惯了愧疚。我们甚至希望重复不断地咀嚼这种愧疚，哪怕它令我们痛苦不已。

小心翼翼地猜测着他人的心思，妄图从他人心思中，找出那些令我们所担忧的答案。但我们从未真正猜中过他人的心思，我们只是在根据自己的心境、想法、期待，快速且武断地做出结论。愧疚感，使我们不断重复着可笑、可悲的举动。毕竟我们所认为与我们息息相关的事情，那些由我们所挑动的情绪，不过是由我们臆造的。

而停止猜测他人心思，这显而易见的解决方法，却很难奏效。我们似乎很难约束住我们纷飞的念头，不经意间便开始猜测、开始怀疑、开始焦虑，最终陷入痛苦。我们都需要一种更为有效、更为长久的方法，将我们从对他人的猜测中，解脱出来。

### 创伤场景再体验

我们之所以无法停止猜测他人心思，根本原因在于我们已经有了一套习惯性的思维模式，而想要调整这种固化的思维模式，仅仅依靠"停止"二字，显然是不切实际的。我们必须挖掘出导致我们产生这种思维模式的根源，从根本上解决它。

愧疚感，为什么会如影随形一般，推动着我们不停地猜测他人心思，并且为那些本就与我们毫无关联的事情，感到内疚？要知道，我们的天性并没有赋予我们愧疚感。孩童时期的我们，可以毫不内疚地把墨水打翻在地，然后高兴地看着大人们为此焦头烂额。

在家庭、社会环境中的生活经历，赋予了我们许多并非天生的特质，而这些特质的产生过程，被称为"习得"。我们会在生活的过程中，习得无数的技能与经验。这些技能与经验想要跟随我们一生，往往需要具备迫切感与威胁感。

想要满足迫切感与威胁感，往往是负面的、创伤性的体验，因此，我们之所以受愧疚感的推动而不断地猜测他人心思，在于我们曾在生活中，因为猜测他人心思，而受到过创伤性的体验。这可能是没有猜测到父母的负面情绪而被责骂；可能是没有猜测到公司领导的心思，而遭到了刁难。

这些创伤性的体验，在沉淀过后，成为我们的一种思维模式。如果想要打破这种思维模式，则往往需要首先对其进行感知。当那些莫名的愧疚感来临时，我们首先需要的并非理性的思考，因为在愧疚感的作用下，我们理性的思考往往是受情绪所左右的。相反，我们需要完全感性地去体验愧疚感，体会其中的恐惧、焦虑、担忧。

慢慢地，我们便可以从对愧疚感的体验中，意识到我们真正在焦虑什么，是担忧他人因负面情绪而焦虑，是懊恼自己没有做出更多的努力，还是担忧自己没有做出及时的应对会招致对方的不满与报复？

一名新手司机，很难感知到轮胎的噪声、车内细微的异响，因为他的注意力都集中在道路之上。创伤场景再体验，通过不断地感知情绪，逐渐会使我们的注意力从愧疚感之中解脱，找出真正导致我们产生愧疚感的根本原因。

它或是恐惧，或是遗憾，或是担忧，但当我们找出它的那一刻，它便永远无法再次影响我们。

# 别卖惨，
## 人生哪需要"苦难攀比"

崇拜强者，是人类在野外生存时所养成的心理习惯。在那时，强者往往可以获得更多的资源与食物，能够更好地保护自己与家人。但随着人类进入现代社会，生存本身的危机感被削弱，虽然许多人依然拥有一颗崇拜强者的内心，可在与他人接触时，却通常会摆出一副示弱的姿态。

示弱，并非想要逃脱强者所需要承担的责任，而是受文化模仿的影响，只有在表现出谦逊有礼的样子时，才能收获更多正面的社会评价。因此我们可以看到身边的许多人，哪怕积累到了足够可观的财富，也会谦逊地表示这并不算什么；哪怕是有着出色的学习成绩，也要说自己仍有许多的不足。

社会呈金字塔形，位于塔尖的人向来都是少数，因此对于大多数人来说，本就不算出色的成就，并没有太多的谦逊空间，稍不留意，示弱的谦逊，便成为生活惨状的表露。我们开始在多个场合，不断地描述自己的惨状，以此来获得我们所需要的慰藉。

当一个人表现出十分无法被理解的行为时，往往意味着背后有着更为深层的心理在起到推动作用。正如一位懒惰无知的人却表现出他人难以理解的自傲，本质上是在运用心理防御机制的反向形成，来抚慰自己备受煎熬的自卑感一般。

不断地在与他人交际过程中"卖惨"，看起来也是一件令人难以理解的事情。毕竟在社会中生活，我们需要坚定的自我，也需要在与他人进行社会比较时，可以获得一定的成就感。"卖惨"显然无助于我们获取成就感，但为什么我们仍然乐此不疲地在采用这种让人难以理解的行为方式？

在工作中有象限分析法，通过将工作内容放到四个象限中进行分析，以更为直观的角度，为工作分出轻重缓急。而我们在生活中处理情绪时，其实也在不自觉地采用这种方法。我们在不同情境下，对不同情绪有着不同的紧迫感与需求度。正如处于单身中的人，对情感有着更为迫切的需求，而花甲之年的人对亲情的需求则更为强烈且迫切。

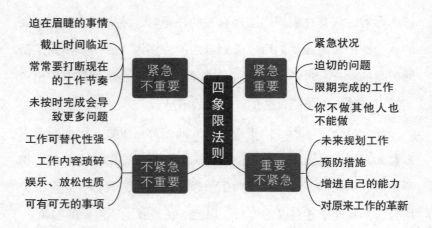

如果仔细思考我们进行苦难表露的场景，不难发现我们从不在陌生人面前示弱。我们显然不会在面对面试官时，诉说自己的悲惨生活；我们也不会在与初次见面的朋友交流时如祥林嫂一般念叨着："我真傻，真的。"我们只有在与熟人进行交流时，才会不由自主地进行"卖惨"。而这种"卖惨"，其实并非一种比较，更不是一种交锋，而是我们希望与他人建立更为深入的关系所采取的行为方式。

敏感，使我们能更好地感知他人情绪，并且不由自主地出于善意去照顾他人情绪，但我们在与他人交流时，并不能保证所有人都是敏感的。敏感的我们在交际过程中，不免会认为对方并没有足够地关注我们，或者说，并没有给予我们所希望的情感回报。

当我们没有感知到足够的情感回报时，我们有着许多种解决方法。例如我们可以直截了当地沟通，也可以通过降低自己的预期来消减失落感。但更多的人，选择了通过"卖惨"，来尽可能多地吸引他人关注，通过对自身"惨状"的描述，来使对方迫于社交压力将注意力转移到我们的身上，从而使我们获得更多的关注感。

但如祥林嫂一般，将自己的惨状挂在嘴边，不断地通过社交压力来使对方安慰自己，自然也要落得如祥林嫂那般被他人避之所不能及的境地。原因在于许多惨状本身便是我们所夸大塑造的，这些惨状的真实程度一直在遭到对方的质疑。同时，谁也不希望在与他人交际时，一直扮演一个安慰者的角色，不断地吸收着负面信息。显而易见，我们"卖惨"并非为了获得一段糟糕的社交过程，而是为了获得更多的关注。

我们想要获得对方更多的关注，我们想要让对方先关注我们，可我们又不愿承担倾听的义务，自然也就没有被在乎的权利。

权衡利弊，去思考事物的得失，从中选择对我们最有利的行为方式，这是再寻常不过的决策模型。但很多时候，我们受种种情绪的影响，很难做到权衡利弊。我们会选择那些明显收益低、风险高的行为，并在不断践行的过程中，不断地承受着它所带来的负面影响。

基于关注度争夺的"卖惨"行为，明显是低收益却高风险的行为，在关注度争夺的过程中，自然会让我们与朋友的关系产生芥蒂与裂痕。或许我们可以认为那些示弱与"卖惨"，并非为了满足自我，而是为了安慰朋友，让对方降低苦难感，似乎我们过得比朋友"惨"，会让朋友暗中窃喜一般。但我们的内心清楚地知道，这不过是自我欺骗罢了。我们真正的目的，是希望对方的注意力长久地保持在我们的身上。

我们希望得到对方长久的注意力，不惜通过"卖惨"这种会显然降低社交评价的行为，本质上，是受到自我表露的影响。所谓的自我表露，指的是将自己的信息，特别是不易向外表露的秘密信息告知他人，这有助于维持亲密关系的发展，缔造更为紧密的关系。但自我表露有一个关键的前提条件，那就是自我表露必须是双向的，并且必须建立在相互理解的基础之上。

正如我们前面所说的那样，我们在关系的互动之中，并没有尊重对方的表露，只是一味地争夺对方的注意力，这种表露方式，自然是无法获得更为紧密的关系的。我们并没有实现自己预想中的目标，更没有获得我们预想中的回应，那么我们为何仍然在继续着这种行为策略？

法国哲学家加缪，用犀利且深刻的笔触探讨了人类关于自由、责任、存在的问题，但真正让人敬佩的是，他敏锐地觉察到了现代人的孤独与迷茫。他利用作品《局外人》中的主角莫尔索，以冷漠的角度，向我们刻画了人与世界的关系。莫尔索将人生看作一场毫无意义的游戏，他对周围人保持着冷漠、无感的态度，揭露出了许多情感关系中本质的、我们不愿诉之于口却在内心无比认同的道理："我们很少信任比我们过得好的人，我们宁肯避免与他们往来。我们经常对那些与我们相似，和我们有着共同弱点的人吐露心声。"

我们之所以"卖惨"，之所以向他人吐露我们不轻易告人的秘密，在于我们希望有着相同处境的对方，可以更加理解我们，从而获得对方更多的怜悯与鼓励。这也便解释了，我们明明与他人的关系因此愈加疏远，却仍然在采用这种行为模式的原因。因为虽然我们与他人的关系在逐渐疏远，但在每一次自我表露、每一次获得对方怜悯与鼓励时，我们都坚定了对现有道路的信心。

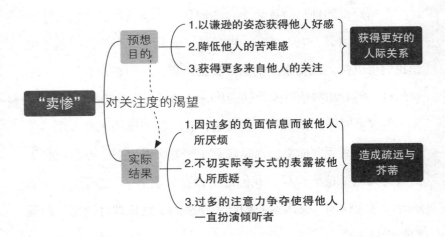

一个在年少时没有获得出色学历的人，希望在与他人交流时，能够听到对方说出那句学历并没有什么用；一个在青年时没有付出足够努力的人，希望听到对方说出那句大器晚成。或许，我们所争夺的并非话语权，我们所需要的也并非关心。

面对自己，思考自己过往的行为，便会发现我们所真正需要的，是在我们表露惨状时，对方给予我们的安慰，给予我们坚定于当下道路的信心。我们急迫地需要这种肯定，迫切地渴求这种信心，因为我们已经愈加难以坚持，甚至怀疑自己的一切选择，都是错误的。

我们所生活的世界中充满变数与不确定性，我们常因自己的欲望、情感与追求陷入苦难之中。在世间因缘和合之下，我们甚至说无法获得片刻的安宁。也难怪哲学中要讲人有七苦，虽然贪嗔痴怨、爱恨别离常被人们所关注，但七苦中的失荣乐，却常被人们所忽略。

在面对世间种种纷扰之下，我们如何才能获得长久的安宁？有人答曰向内寻，有人答曰坦然接受。实际上，只有选择权才能让我们得以长久地安宁。我们需要选择权，从而在面对风险、面对危机，面对那些始料未及的变化时，拥有自保的能力。

但很多时候，我们并不具备选择权，因为那些风险、那些危机，本就不是凭空而来，而是隐藏于暗处慢慢发酵、慢慢成长为我们所无法抵抗的模样。我们之所以会"卖惨"，之所以会迫切地寻求他人认同，是因为我们已经预感到了危机即将到来，但我们却手足无措。

许多人的人生是没有意义的，每天不过是充斥着机械的重复，即便这些重复在他们看来是无比重要的事情，但因为追寻了错误的东西，他们仍会显得浑浑噩噩。我们迫切地需要他人的认同与怜悯，因为我们已经逐渐意识到，自己或许正在追求错误的东西。

### 1. 欲望

我们或许正在追求错误的东西，这是无数人每天醒来所面临的首要问题。我们担忧自己在毫无意义的事情中，荒废着自己的青春，也担忧自己哪怕付出无数努力，却因为错误的追求而最终一无所得。

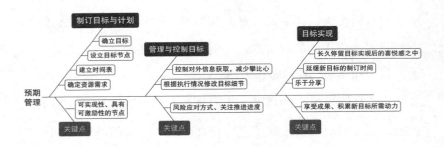

担忧，时常成为影响我们情绪的常驻因素，但我们很少去质疑担忧本身，很少去思考我们到底是行走在错误的道路之中，还是因为我们不过是太累了，想要找到一种能稍作歇息的借口，抑或我们不过是错误地定下了无法完成的目标。

我们通过"卖惨"，来获取他人的认同，似乎这得以让我们能够更好地迈出那艰难的步伐，但我们却忽略了，或许我们真正需要的并非他人的认同，而是我们对自身预期的管理。

### 2. 预期管理

社会的发展带来了更为广阔的信息渠道，我们接触了太多我们从来都无法接触过的生活方式。我们的理想自我在产生变化，我们对成功的定义也在不断提升，欲望使我们不断地给予自己更多的压力。

欲望本身或许并非一件坏事，因为没有欲望作为动力也就没有实现后的快乐。也难怪法国社会学家皮埃尔·布尔迪厄会认为，欲望并不会毁掉一个人，真正毁掉一个人的，是懒惰、无能与糊涂。

那些我们羡慕的生活，那些耀眼到我们所无法直视的成就，本就与我们无关，甚至说，是与我们身边的所有人都无关。但欲望使我们希望得到那种生活，也使我们开始怀疑自己的道路与努力，我们却从未怀疑过欲望本身。

在信息资讯爆炸的当下，我们每个人都应该掌握一项基本的技能，那便是对自身预期所进行管理的能力。我们希望获得什么样的生活？这并不是一件可以天马行空的事情，而是需要精心管理、策划的方案。

我们需要设定明确且可以实现的目标，并找到可以为之努力的方向，通过不断自我激励获得足够的动力，在总结、吸纳、坚持中，最终将其实现。由此，我们才能控制住我们的欲望，使欲望为我们所用，成为我们前进中的动力。

那些遥远且属于他人的美好生活，那些望之生畏的成就，或许本就与现在的我们无关，或许本就是在我们完成一个又一个目标之后，才能变得唾手可得。当我们踏入正确的道路，有着坚定的信念，不再被欲望所累时，又何须从他人口中获得安慰与怜悯，又何须通过一次次的"卖惨"，来获取那少得可怜的动力？

我们，就是我们自己，而不是他人美好生活的模仿者。

# 敏感的你，
## 何必将天赋埋没于自责中

工业化使得人类能够以大规模高效分工的形式，稳定地进行标准化生产，得益于现代机床的高精度，使得仅凭肉眼，很难区分相同产品的差别。而我们人类虽然有称得上最为精密的构造，但并非如流水线一般批量制造，因此我们每个人都有着专属于自己的特质与天性上的倾向。而不同的特质与倾向，也促成了我们在社会中扮演着不同的角色。

我们与他人在特质与倾向上的细微不同，使得我们哪怕在进行相同工作时，也会表现出明显的差别。正如有人受遗传、基因影响，天生便有着更加充沛的体力，自然可以在运动上更为出色。有人天生便拥有出色的语言理解能力，可以更加轻松地掌握多种语言。

天赋，并非一种用来对他人进行正面描述的词语；相反，有许多天赋会给我们带来负面的影响。有人天生便不具备足够的同理心，那么在成年后免不了会出现可怕的反社会人格倾向。有人天生便在社交与沟通能力上存在障碍，也就免不了会陷入自闭的境地。

敏感，本身也是一种天赋。虽然许多人并不认同这一点，在他们看来，敏感是在高压家庭氛围下所习得的一种后天特质。但我们不妨思考一下，同样的高压家庭氛围，有些人确实会变得敏感，有些人却丝毫没有受到影响。原因在于，我们天性中的特质使我们有倾向性地选择了自己的行为方式。

敏感，是隐藏于我们天性中的天赋，随着我们的成长得以逐渐显现。

天赋并非上天的恩赐，也并非能保证我们获得成功的通行证，天赋不过是我们的特质与倾向。它可能对我们造成正面影响，也可能对我们造成负面影响，但它本身却难以用好坏进行定义，因为许多时候，它所造成的影响好坏，取决于我们对它的理解与掌握能力。正如教育苏联家凯洛夫所说的那样，天赋不过是一颗种子。这颗种子的发展，取决于一个人的教育与教养。

外界的刺激与内部的感觉，一直在影响着我们的行为方式，而对于敏感的我们来说，这些影响更为强烈与频繁。因为敏感赋予了我们对他人、对环境更为细微的观察力，这虽然有助于我们更好地收集信息，同时也使我们更容易受到外界事物的影响。

《三体》中，整个人类科学界，首度将"三体问题"求导至定性解的数学家魏成，有着一项特殊的天赋。懒散、对任何事情都提不起兴趣的他，眼中的世界却与常人不同，常人眼中的数字组合在他眼中却是一种立方体。而常人眼中的几何图形，在他眼中却都可以演化为数字。这种将抽象数学概念图像化的数形结合天赋，毫无疑问是难得的。但这种天赋，如果在未经挖掘的状态下，反而会成为一种束缚。魏成虽然知道答案，却无法说清推理的过程，自然不免成为他人眼中的"怪胎"。虽然那些复杂的推导过程在他看来无比简单，但他却并没有能力教会他的学生，因此惨遭"末位淘汰"也就不足为奇。

如果说，天赋是上天的恩赐，那么这种恩赐必然早已在暗地里标注了昂贵的代价。敏感的我们，多半可以从日常生活的点滴中感受到这一点。我们感知着比他人更多的信息，更好地接收着他人的情绪，却面临着更加复杂与庞大的信息处理压力，这不免使我们的情绪难以控制。我们渴望认同却又恐惧认同，渴望友情却又担忧友情，在患得患失中，徘徊焦虑。

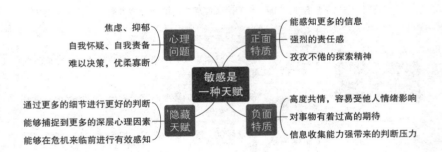

敏感，本就是一种不可多得的天赋。敏感所赋予我们的细微观察力，足以使我们在当代生活中对信息掌握得更加全面，从而能够进行更为准确的判断。准确的判断意味着，我们可以在一次次的选择中寻得正确的道路，从而取得更为出色的成就。前提是，我们有能力去掌握、控制这种天赋为我们所用，可惜这恰恰是被我们所忽略的。

美国著名的心理学家亚伯拉罕·马斯洛，将人类的需求以金字塔形式分层为五级模型，认为人类的所有行为，都可以归结于想要满足更高层级的自我需求之中。我们每个人在社会中得以行进的原始动力，便是逐级满足自我的生理、安全、社交、尊重与自我实现需求。由此看来，评判一个人的人生意义，或者说是一个人成功与否，取决于他是否得到了更高层级的自我需求满足。

自我需求满足显然是一件向内寻的事情，只有我们自己有能力、有资格去判断自己的需求满足情况，但可惜这不过是一种理想化的状态。很多时候，我们受自己的情感倾向影响，很难客观地评判我们自身。我们可能会认为自己获得了更高层级的满足，但那不过是"无知"的我们所编织出的幻境。

| | | |
|---|---|---|
| | 5.自我实现 | 人们追求实现自己的能力或者潜能，并使之完善化 |
| | 4.尊重需求 | 自尊和希望受到别人的尊重 |
| 马斯洛需求<br>层次理论 | 3.社交需求 | 情感与归属需求：一个人要求与其他人建立感情的联系或关系 |
| | 2.安全需求 | 低级需要，人们需要稳定、安全，受到保护，有秩序，能免除恐惧和焦虑等 |
| | 1.生理需求 | 级别最低、最迫切的需求，如食物、水、空气、睡眠等 |

无知者，往往有着更加充足的勇气，让我们以一种"匹夫之勇"的姿态，在社会之中横冲直撞。陈闻，这位已经在职场拼搏五年有余的中年人，在公司担任着最为基层的岗位，不仅薪资微薄，工作也称得上繁重且杂乱。每天机械地重复，对许多人来说是一件无法忍受的苦事，但对于陈闻来说，却是要倍加珍惜的平稳生活。

陈闻并不懂他人所说的办公室政治，更听不懂他人别有深意的话语，可以说他无知且无畏地在进行着自己的工作，并从这种重复的工作中，品出了几分甜味。虽然他在与同事相处时，总会"无知"地认为自己有着更为出色的能力，总是"无知"地指导着他人，但稳定的工作、和谐的家庭，共同构成了他的安稳生活。如此想来，或许以这种形式度过一生，已是一种难得的幸福。

但一次偶然的机会，一位新的上司使陈闻获得了一次升职，从现有岗位中脱颖而出，成为一名基层管理者。新上司的器重、同事的羡慕，组合为一种他从未体验过的生活。这在他人看来称得上进步的变化，却让陈闻有些手足无措。无知的他并不知道这一步对他来说到底是好是坏，更不懂自己即将面对什么。

在基层管理者的会议中，陈闻总是表现得有些无所适从，上司的一声叹气便足以令陈闻胆战心惊。他每每都是紧张地坐立于会议室之中，尽可能地蜷缩成一团，生怕他人的目光稍有注视。陈闻变了，这是所有同事都能看到的变化。他失去了以往无知带来的无畏，开始总是以一种焦虑不安的目光示人。

"为什么要给我升职？我这么差，升职只会让我丢人。"陈闻开始频繁地迟到，开始以一种消极的态度应付工作。毕竟在他看来，自己并没有能力胜任这份工作，那么工作表现也就不再重要了。陈闻的消极很快引起了上司的注意，上司或是出于好心，将他调回先前的职位，相信所有人都觉得这对陈闻来说，是一件好事。

但回到原先岗位的陈闻，却依然表现得消极与焦虑。此时的他，甚至不认为自己能胜任原先的岗位。对自我能力、行为与价值的怀疑，使得陈闻深陷自我怀疑之中，在与他人对比所产生的落差感中，失去了以往那般"无知"的快乐。

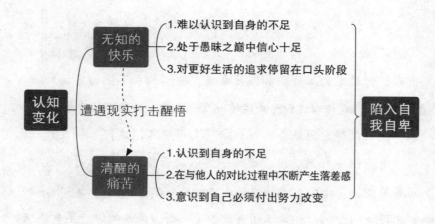

敏感的我们也有着"无知"的快乐，我们可以以自己敏锐的观察力，轻率地凭借对细节的观察来概括一个人。我们彻底地屏蔽理性，以一种自我、蛮横的姿态与这个世界相处，并专制且不容置疑地去评价他人。由此，敏感所带给我们的天赋，自然被埋没了。但世界并不会坐视不理，它会善意地给予我们警醒。或许是一位好朋友的疏远，或许是一次工作上的沉重打击，都将使我们尝试改变自己。

但在改变自己之前，世界善意地给予我们的警醒，不免会使我们怀疑自己的能力、行为价值，使我们陷入自我怀疑所导致的自我责备之中。但自我怀疑与自我责备，是一件不可多得的幸事，因为当我们开始自我怀疑与自我责备之时，恰恰是我们改变的开端。

法国小说家巴尔扎克，将苦难比作人生的老师，似乎人类只有在苦难之下，才能更为理性地思考。打击所带来的苦难，似乎足以使人卸下情感上的包袱，抛弃过去自己所编织的幻境，开始真正地认识与理解自己。如此看来，在生活中，我们在尽可能地避免苦难的同时，也应该积极地迎接苦难。

我们总是埋没"敏感"这项天赋。我们细微且敏锐地观察着他人，却总是在不自觉的比较中变得自我怀疑；我们尽可能地想要理性地看待自己，却总是在自我责备中倍感焦虑。这些打击所带来的苦难，使我们无法运用"敏感"这项天赋。在稍不留意之间，"敏感"便会毫不犹豫地反噬我们自身。

我们总认为自己做得不够好。这种认定，或许来自他人的一个眼神、上司的一声叹息、朋友的一次忽视，直至它成为我们内心中自动运行的一种情绪。我们在不间断的自我怀疑中，不断地自我责备，以从不停歇的姿态，不断地自我折磨。

但那些眼神、叹息与忽视，不过是敏感的我们，在负面情绪的催动下所产生的负面认定。虽然这使我们感到自责，但这些负面的认定本身便是不准确的。

## 1. 对自责的重新定义

自责让我们感到挫败、羞耻，但自责本身，并不完全是一件坏事，自责意味着我们开始对现状感到不满，它虽然是一种负面的情绪，但在短期时间内，可以让我们产生前进的动力。"知耻而后勇"这是许多人的文化信念，而正是这种文化信念，使我们错误地使用了激励的方式，从而陷入长期的自责之中，正如太宰治在《候鸟》中所说的那样："敏感的人在事情未发生前就提前自我创造了痛苦。"

敏感的我们，需要获得一种更为有效的激励方式，一种基于正面情绪的激励，而我们可以将对自责的感知本身，看作一种激励方式。自责，意味着我们对现状感到不满，意味着我们能够意识到自身的不足与错误，这本身就是一件值得欣喜的事情。

将敏感运用于我们自身，去观察我们内心细微的想法，去考虑这些想法的根源与影响因素。这种对自我的分析，对真实自我的洞悉，本就是一种难得的激励方式。如果我们将对现状不满所带来的自责稍作改变，便可以成为捕捉到自己缺陷的欣喜。

我们无须自责，更无须自我怀疑，因为那些自我怀疑与自责本身，便是一种对自我的感知，本就是一件值得欣喜的事情。

### 2. 将敏感资源进行分配

敏感的我们，脑海中总能接触更多的信息。我们能感知到他人的语气、表情、环境中的气氛与周围嘈杂的声音。这巨量的信息，使得我们很难对情景进行重现，也让我们无法聚焦于真正关键的信息之中。

当我们摆脱敏感所带来的自责，可以更加客观理性地看待自我与他人时，我们便需要学会将敏感资源分配到更为重要的信息之中。对他人语气、神情的捕捉固然重要，但那是建立在我们有足够倾听对方话语的前提之下。

如果我们将敏感看作一种资源，那么我们在分配这种资源时，只需要注重一个关键点，那就是优先分配给确定的事情。他人的话语是确定的事情，而语气、神情则需要揣摩与思考。如果将精力过多地分配于语气、神情之中，最终的结果便是我们只能推断对方的想法，却忽略对方话语中的深意。

（第二章）

# 敏感的你，
# 为什么总要取悦他人

# 情感关系中的你，
## 为什么总是被抛弃

当第一位智人学会利用谎言、虚构来讲故事时，整个人类的认知革命也就随之展开。我们绘声绘色地编织出从不存在的事物，然后坚定地认为它是实际存在的。谎言帮助人类社会凝聚，从而一步步地发展为如今的模样。也难怪有人将《人类简史》看作一本谎言史。

人类的分工合作，聚集性的生活，需要谎言来编织共同的愿景，从而使人们可以放弃短期收益，聚焦于更为长久的利益。沟通中善意的谎言，也可以减少人与人之间的摩擦与冲突，使得人与人之间有着更多和谐相处的可能。

作为碳基生命的人类，我们很难做到如三体文明那般思维透明，也无法做到如格式塔文明那般"全即是一"。谎言，虽然成为维系我们文明的纽带，但谎言本身同样也会给我们带来许许多多的烦恼。

我们无法事先分辨一个谎言是善意还是恶意，我们只能等待真相大白的那一刻，被动地去接受谎言所带来的善意或是恶意。这正像一把达摩克利斯剑高悬于我们的头顶，令我们时刻处于惴惴不安之中。

因此我们厌恶谎言，我们希望获得无条件的信任；希望在与他人互动时，不必担忧谎言所给予我们的损失。想要实现这一点，首先要建立起无条件信任的关系。可这一过程是充满坎坷与挑战的。

信任是一种互惠，双方基于情感、价值观上的合拍，互相之间以话语、行为的形式缔结了一种互不伤害的契约，从而减少了双方在交际过程中的时间与精力成本，使得双方可以以更高效、更安心的方式，进行互惠互利的行为。

可以说，信任在人类社会中起到相当重要的作用。它不仅有助于合作的开展、人际关系的建立与效率的提升，它的存在还使得我们人类在社会中生活时，感受到那难能可贵的安全和稳定。在安全与稳定之中，我们得以更加自由地表达自己的想法与感受，使得我们的生活变得更加美好。

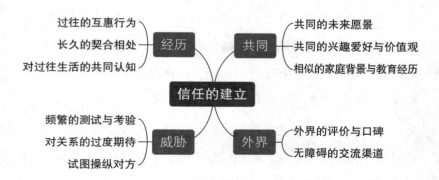

我们每个人都渴望与他人建立起信任关系，但信任本身却是捉摸不透的。时间、环境等多种因素都会使信任产生变化。那些

坚固的信任，或许会在对方陷入危机时成为谎言的保护色。在信任的掩护下，我们有时会义无反顾地踏入他人所编织的谎言之中，最终在看清谎言以后，对信任抱有持久的怀疑态度。

许多人都对信任抱有希望与怀疑并存的态度。敏感的我们对于信任则表现得更为极端。我们极度地渴望信任，渴望毫无顾忌地自我表达，但同时我们又怀疑信任，总想要通过各种考验去测试信任。

一个敏感的人，往往很难获得稳定的情感关系，因为我们总能从他人身上找到那些破坏信任的细节。正如人与人在长时间的相处过程中很难做到情绪的持续稳定，人们不免会在某一刻表现出无奈与烦躁。这些情绪虽然很快就会被消除，并不会影响到正常的社交，但敏感的我们却总能敏锐地捕获到这些无奈与烦躁，从而对相互间的信任关系产生怀疑。

人与人之间不可能完全以一种和睦的形式相处，正如短片《灵魂伴侣》中，高度发达的 AI 已经可以通过数据匹配的方式，为人类找出完全符合自己的"灵魂伴侣"。这无疑在人类社会掀起了一场革命。哪怕是许多已婚的人，也在"灵魂伴侣"的吸引下离婚，通过 AI 重新匹配伴侣。由 AI 进行匹配，确实让许多人都获得了自己的挚爱，但这是否意味着，两个人在灵魂上无比契合，便能从根本上杜绝争吵与猜疑呢？两个绝对合拍，有着共同价值观、爱好的人，在我们的设想中似乎应该以一种完全和睦的形式生活。但事实上，在《灵魂伴侣》中，夫妻之间仍然会因为一点小事而争吵不休。因为人与人之间并不可能完全和睦，更不可能完全杜绝争吵。无非是在相处的过程中，我们的爱意足以融化愤怒，从而得以长久地共同生活。

敏感的我们要求着近乎完美的人际关系。我们希望成为对方最好的朋友，希望拥有无瑕的爱人。或许一个足够迟钝的人，在他或者她有意忽略许多信息的前提下就完全可以收获这种情感。但这种近乎完美的要求，对于敏感的我们是永远无法实现的。

我们永远不可能拥有完美的人际关系，因为他人永远不可能活成我们心目中的模样。我们可以心心相贴，却永远不能心心相印。可是我们却常常无法接受这一点。我们不停地接近又不停地远离，不停地渴求又不停地抗拒。那些与我们错过的关系、错过的爱人，在每一次疏远的过程中，都让我们产生了彻骨的被抛弃感。敏感的我们总流连于被抛弃之中。

狮子，在草原中有着顶级的捕猎能力，但它仍然是以群体的方式行动，因为个体生存于充满危机的草原之中，一个小小的失误，便可能招致万劫不复的下场。对处于原始社会中的人类个体来说更是如此，脱离了部落、组织的人类，自然也就失去了生存的可能。

虽然如今我们所处的现代文明，充足的生产力与精细的分工协作方式，已经使得个体有能力、有机会独立地生存于世界之中，但镌刻于我们基因中的对"被抛弃"的恐惧，依然在我们的血液中不断地流淌。如果说我们以往担忧被抛弃是出于生存危机的考量，那么如今我们担忧被抛弃，则是因为我们希望、渴求与他人建立联系和关系，获得他人的支持与认同。当我们感到被抛弃、被排挤时，自然不免感到恐惧、焦虑与不安。可以说，我们有多渴望与他人建立关系，就有多恐惧被他人所抛弃。

但每个人对"抛弃"行为的定义有着巨大的差别。对于社会中的许多人来说，只有坚决地断绝关系，明确地不再往来，才会产生被抛弃感。但敏感的我们对"抛弃"行为的定义，要更加轻微与极端。

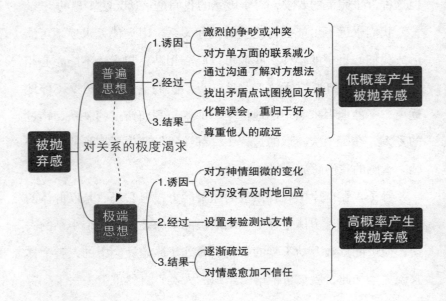

我们如何定义"好友"这个角色？毫无疑问需要有由共同爱好、共同价值观、共同经历所组成的信任作为基石。同时，我们还会为"好友"附加上更多的条件，比如契合的休息时间、共同的未来愿景，但更为重要的是，我们需要确保对方也将我们看作"好友"。

郑斐最近总是陷入烦恼之中。她所无比信任的好友，最近表现得十分异常。在通电话询问起周末去哪玩时，对方常常支支吾吾、遮遮掩掩，最终使得计划以失败告终。郑斐可以敏感地觉察到这份友情正处于岌岌可危的境地，但她并不想挽回。

"如果这份友情这么不坚固，那么还有什么值得珍惜的呢？"郑斐认为，自己并没有做错什么，这也正是测试友情的好机会。而对于郑斐的好友来说，她早已在无限度的测试中被压得喘不过气来。郑斐以爽约、出格的要求等等来测试友情的坚固。甚至，好友参加家庭聚会，郑斐也会因为没有带她而愤怒。

这种高压的友情，自然不是郑斐的好朋友所能忍受的，因此默默远离便是最为体面的方式。面对这种疏远，郑斐虽然在内心中有着万般的不舍，却赌气地不肯与对方交流，直至联系的频率由一天两次减少到两天一次，最终便是不再联系。一段又一段的友情，便在郑斐对朋友的测试与考验中结束。

敏感的我们正如郑斐这般，渴望友情却又近乎故意地"搞砸"友情。我们虽然痛苦、焦虑，却依然在重复着这一行为，我们似乎一直尝试在一段又一段的友情中寻觅着什么，却一直求而不得。

那么，我们到底在寻觅什么呢？或许我们不需要社交，不需要友情，不需要爱情。我们真正在寻觅的是一种无条件的爱意，一种无条件的包容，一种或许本不存在于成年人世界的安静、温暖与舒适。我们在寻觅一件我们极度渴求得到，却必然永远无法得到的东西。

我们曾被包裹在一个柔软且坚实的环境中，周围只有轻微的噪声和温柔的心跳。我们的四肢轻轻地蜷缩在身体周围，头部在微微向下，以最为舒适惬意的姿势尽情地体会着这人世间最为美妙的温馨与安全。这种体验，随着一声啼哭而被打断。当我们降生于这个世界时，我们便永远地失去了这种感觉。

　　所幸，婴儿时期的我们，仍能享受得到被照顾的快乐。我们的需求，也可以在极短的时间内得到积极的回应。我们依赖着我们的养育者，并与他们之间缔结了一种共生依赖关系，但这种共生依赖关系，并不是存在于所有人的身上。如果我们不幸地遇到一位对我们不理不睬、打骂不断的养育者，那么我们只会得到一种不安全的依赖关系。

　　处于婴儿时期的我们需要一个稳定且可控的世界。如果我们的这种需求在婴儿时期没有得到满足，那么不安全的依赖关系，则会使我们不惜一切代价，企图与他人建立如养育者一般的亲密关系。我们将共生依赖的对象由养育者投射到任何可能回应我们这种需求的他人身上。我们希望获得一种完全共生的关系，在社会中寻觅到一个能够与我们完全契合，将全部注意力放在我们身上，并且无条件地认同、支持、关爱我们的人。

这是一件完全不可能实现的事情。有时我们自己都可以清晰地认识到这一点，但是我们为什么仍然无法摆脱这种对他人的猜疑、对完美关系的渴求？原因是在我们每个人的内心中，都有一个受伤的内在小孩。这个内在小孩屡屡寻求我们的关注，却屡屡被我们所忽略。

### 1. 内在小孩

我们每个人的内心中，都有一个顽固且不受控的内在小孩。这个内在小孩随着我们的成长而成长，承担着我们过往所得不到的痛苦。这个内在小孩不断地向我们求救，但我们却对其毫不在乎。甚至，我们根本无法感知到这个内在小孩的存在。

瑞士心理学家荣格将内在小孩看作"一切光之上的光"，并称其为疗愈的引领者。我们过往所受过的伤痛与苦闷，虽然被我们强压下去，但这些伤痛与苦闷，却在我们的内在小孩身上留下了无法痊愈的疤痕。

很多时候，我们那些无法摆脱的负面情绪，正是由于内在小孩的创伤所导致。因此我们想要摆脱对共生依赖极度的渴求，首先需要做到的第一件事，便是感知到内在小孩的存在。我们如何感知内在小孩？最为简单的办法，便是将我们对共生依赖的极度渴求，当作我们内在小孩的呼救。我们需要去思考，我们的内在小孩到底在什么时候受到了来自共生依赖的伤害，是父母对我们的疏忽，还是父母对我们的溺爱？

### 2. 接受过去

当我们感知到内在小孩的呼唤，回忆起我们过往的创伤场景，我们需要的不是去解决，更不是去改变。因为我们永远无法改变过去的事情，我们试图去掌握过往，只会让我们如奥地利人本主义心理学家阿尔弗雷德·阿德勒所说的那般："不幸的人一生都在治愈童年。"

我们想要去治愈内在小孩，所需要的便是去承认对过往的无能为力，承认自己并没有能力改变过往。毕竟如果我们执着于过往的种种，甚至因此而怪罪某些人，无疑是与自己处于对抗状态，将宝贵的精力消耗于毫无意义的事物之中。

因此，我们需要意识到过往的不可挽回性，如此我们才能将精力用于新的生活之中。通过一次又一次地感知，一次又一次地承认自己的无能为力，我们终会让内在小孩身上的伤疤渐渐消弭。

# 面子，
## 是成年人的累赘

人类如果以个体的形式参与市场交换之中，是一件无比耗费精力的事情。我们不仅需要确保产品本身的表现，还需要面对物流、售后等多个环节的挑战。因此，聪明的人类通过部族、宗亲、企业等多种组织形式，使每个人各司其职，从而最大限度地发挥、精进自己的能力，使组织、组织中的成员能够以极低的成本，参与市场交换，从而谋求集体的利益最大化。

但是，个体所处的境地不同，所期望的短期利益不同，使得组织内部成员有着目标上的差异，成员之间也会产生摩擦与冲突。这使得组织有陷入内耗之中的风险。因此，尽管组织在形式上不同，但组织都会找到一种有效的方法，在普遍且细微之处，确保成员能够通力协作，在共同目标面前，暂时放下成见，寻求共同的利益增长。于是，通过约定俗成的道德要求与源远流长的规则传承，个体拥有了一种自发、普遍且能触达细微处的行为约束方式：面子。

面子，是根植于文化的社会心理构建。美国人类学家鲁思·本尼迪克特认为将其描述为："公认的道德标准借助于外部强制力来发展人的良心。"简单来说，面子是由社会、组织中的个体通过共同认同的道德标准，通过强调群体观念来对个体的行为进行约束，从而构建出的一种普遍道德观。

直至今日，我们仍会在各种场合对面子无比看重。虽然如今我们大多可以意识到这种对面子的过度追求，似乎已经不适合当今社会，但我们回望宗族时期长久的文化渲染，便不难理解，我们这种追求在特定社会条件下的必要性。

时代的发展从未有过如今的速度，世界中任何一种文明与文化都在经受着新的考验与冲击。在过往的宗族时期，我们以宗族血缘作为纽带，以村落的形式生存与分工。这种排外且强力的联结方式，使得我们不得不依附于宗族的庇护，以满足基本的生存与安全需求。

在这种生存模式下，集体具有巨大的力量。它可以仅凭大多数人的共识，便对一个人进行惩罚与驱逐。而为了满足自身的生存与安全需求，个体必须迫使自己压抑本性，完全服从于集体的力量，在内部寻找能够提升他人评价的方法。因为他人评价的提升会转化为一个人的面子，使其在宗族内获得更高的地位与更多的议价权利，从而在更有能力抵御风险的同时，获得更高的收益。

宗族文化时期所形成的文化，并不会随着社会发展、宗族体系的崩塌所消弭。正如英国著名演化生物学家理查德·道金斯所说的那样："个体之间会通过非遗传的模仿形式，对文化进行传播。"文明过于快速的变化，使得我们在尚未脱离宗族时期文化影响的情况下便迈入了新的社会，我们自然会有些无所适从。

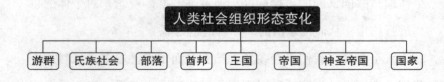

受过往文化影响，我们处于一种"耻感文化"之中。我们非常在乎他人的看法、评论，因为这会影响到我们的面子。在过往长久的生存法则中，面子关乎我们的议价权利与生存可能，自然让我们无比珍重。

但如今，处于无所适从状态下的我们，对面子的追求或许有些过于极端。我们可以掏出自己仅有的积蓄，交给一个仅仅有过一面之缘的人，只是为了不丢面子；我们在生活中遭受一丁点的批评，便在内心进行了全面的自我否定，只是因为我们觉得丢了面子。

其实我们可以换一种思维。如今我们的生存模式已经发生了变化，已经不是当年宗族般的分工。我们已经有了更多的选择，可以自由地参与到各个不同的组织之中，并从中找出最为适合我们的一种。我们不再有着固定的社交人群，我们的面子完全可以随着社交圈的转移而焕然一新。

那么，我们为什么仍然对面子有着极致的追求？我们为什么担忧他人的评价？为什么哪怕要牺牲自己的利益，也要争得那一份面子？

同样是生活中的挫折与伤痛，我们在面对成年人时会说"坚强些"，而在面对一位孩童时，却会给予他充满爱意的拥抱。我们似乎天然地认为，成年人具有更强的挫折、伤痛抵抗能力，也理应表现得更加坚强与勇敢。但是，很多时候恰恰是孩童具有更强的承受能力，因为他们对世界的理解尚处于懵懂之中，尚未形成完整的自我，自然也就有着更高的接受能力。

我们每一个人，都必然会对面子有着极度追求的过程，因为面子有助于孩童建立起足够的同理心与道德感。面子可以让孩童乖坐于教室之中，约束住他们好动的天性；面子可以让孩童参与到集体的交际之中，压抑住他们的自私。

孩童时期的我们并不需要过多地思考如何追求面子。我们只需要按照老师、父母所设置的要求与考验，在付出足够的努力之后，便可以快速地得到积极的回报。一份好的成绩、一句讨喜的撒娇，都可以使我们在学校、家庭中获得足够的特权。

可以说，孩童时期的我们便认识到了面子的重要性。它可以使冷峻的老师对我们露出笑颜；可以使严厉的父母表现出温情的一面。它同时还使我们产生了超越感。当成绩糟糕的同学向我们投来羡慕的目光时，我们得以第一次体会到在与他人比较中占优的美妙。

这种由孩童时期萌芽，根植于我们行为中对面子的追寻，一直以一种美妙的姿态舒展，令我们深陷其中无法自拔。我们愿意与它长久共存，愿意为它付出一切代价。可到我们成年以后，从进入社会的那一刻开始，面子却展露出隐藏于美妙之下的丑恶。

如果说，孩童时期对面子的追求是基于价值回报模型，有着清晰的目标与实现过程，那么成年后的我们，便再也遇不到如孩童时期那般直观的评价标准，与如孩童时期那般能快速回应我们需求的评价者。我们的工作本身无法像成绩那般直观地量化，我们的上级也无法像老师、父母那般客观且包容地评价我们。

评价标准的模糊与评价者的淡化，使我们一直以来的行为目的变得难以捉摸。我们在手足无措之下，只能死死地抱住面子不放，希望它可以将我们带回曾经那般简单与快乐的时光。我们告诉自己，既然标准模糊，那我们便做到最好；既然评价者淡化，那我们便将所有人看作评价者。我们开始追求完美，开始追求所有人的认可。

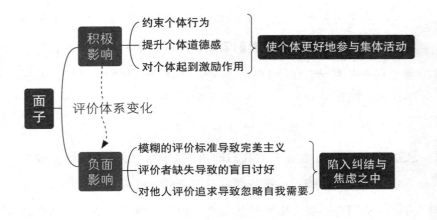

　　任何有损我们面子的话语与评价，都会被我们看作对我们人身的攻击。我们愿意为了面子付出一切，正如喜剧《夏洛特烦恼》中，夏洛在参加同学婚礼时，为了满足自己对面子的追求，为了获得同学们的高看以弥补过往遗憾，不惜将爱人辛苦积攒下来的钱，以一掷千金的姿态送出。但同学们并没有因此高看他一眼，因为任何人都能看出他豪气背后的拮据。这些伪装的面子，轻易便被识破。

　　夏洛，可以为了面子给本就拮据的生活雪上加霜，可以为了面子与爱人扭打在一起，更可以为了面子放弃多年的感情。这一切的一切，都是为了面子。而这些行为却恰恰让他失去了面子。或许他在开始时确实在追求面子，但后来他的行为不过是在面对社会比较落差时，面对他人的负面评价时，因自我否定而采取的一种反击行为。

　　面子是成年人的累赘，对面子的追求，不过是敏感且彷徨的我们，强行为自己所缠绕的枷锁。

我们是否要彻底否定面子的存在，是否要活成一副没心没肺的模样？显然并非如此。我们需要面子所带来的积极影响，我们需要它来束缚我们在行为上不逾矩、不越规，我们也需要它所带来的道德感与同理心。

但我们每个人都深切地意识到，我们需要摆脱对面子的过度追求，摆脱面子所赋予我们的负面影响，摆脱那些彷徨与焦虑、那些敏感与脆弱，摆脱那些对完美的过度追求与对自我过分否定。我们都不要去做面子的奴隶，也不要将自己的一切都奉献给它。

我们似乎已经做好了完全的心理准备，但为什么我们仍然会迫于面子而牺牲自己的利益，依旧会因为面子而被他人所利用，更有甚者会出于面子需要而痛苦焦虑？其实，看看以下两个问题我们就可以明白了。

## 1. 我是谁

有时我们会幻想，当自己有了足够的金钱，可以尽情地满足物质需求，让所有的朋友都投来羡慕且嫉妒的目光。我们便可以摆脱对面子的追求，转而回到我们自身之中。但有时我们又清晰地知道，那不过是在面子的影响下所产生的妄想罢了。因为金钱所带来的面子，最终都会随着社交层次的变化而荡然无存，毕竟我们永远不可能是世界上最富有的人。

我们敏感地顺应着他人的认同，哪怕是我们对金钱的幻想，也围绕着他人对我们的看法。我们与其说是在追求面子，不如说是在寻求评价者的认同。那些来自他人的批评之所以会让我们在愤怒中自我否定，本质上在于我们对评价者过于依赖，他们的否定对我们来说更像是一种背叛。

我是谁？这是一个难以解答的问题。无数哲学家为此废寝忘食。身份一致性的复杂特质，使得我们或许永远都无法共识性地解答这个问题。但或许我们可以寻求一种简单的方法，认定我就是我，虽然我们无法说清自己的模样，但我们至少能从中得出一个简单的答案：我就是我，不是其他的任何人。

可是虽然我们有着一个简单的答案，但很多时候，我们仍然看不清自我的模样，但我们的评价者却清楚地知道我们的模样。因为孩童时期的我们，在很大程度上是在控制下被塑造的，是根据父母、老师的期望行事，按照他们的要求与准则生活。正如加拿大阿玛·埃文斯人际关系研究中心创始人帕萃丝·埃文斯在书中写到的那般："我知道你是谁，而你不知道你是谁。"

想要放弃对面子的过度追求，我们需要意识到，作为受控的一方，我们没有真正的自我，我们的自我，长久以来是建立在他人的期待与评价者的喜好之上的。

### 2. 自我同一性

现代的毕生发展理论，将我们的成长阶段推进至老年，得以贯穿于我们终生。而在不同的成长阶段中，我们表现出不同的行为倾向与思维倾向。在婴儿前期我们需要可信任的依赖关系；到了学前期，我们则会尝试自行完成一些挑战；直至青少年时期，我们才能意识到自我的存在，开始尝试与他人剥离，尝试自己是一个独立个体。

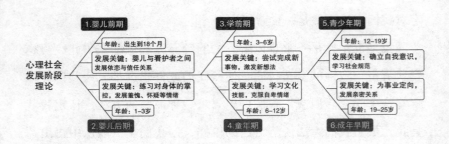

心理社会发展阶段理论

1.婴儿前期
年龄：出生到18个月
发展关键：婴儿与看护者之间发展依恋与信任关系
发展关键：练习对身体的掌控，发展羞愧、怀疑等情绪
年龄：1~3岁
2.婴儿后期

3.学前期
年龄：3~6岁
发展关键：尝试完成新事物，激发新想法
发展关键：学习文化技能，克服自卑情绪
年龄：6~12岁
4.童年期

5.青少年期
年龄：12~19岁
发展关键：确立自我意识，学习社会规范
发展关键：为事业定向，发展亲密关系
年龄：19~25岁
6.成年早期

如果我们在青少年时期，没有将自我对自己的认识，与他人对我们的认识达成一致性，那么我们不免会产生迷茫感，陷入角色混乱的冲突之中。在这种角色混乱的冲突之中，我们的心理开始产生退行，转而寻求如孩童时期的评价者与评价体系，自然会在成年后混乱的评价体系中盲目地追求面子。

我们想要建立对自我的认识，希望这种认识与他人对我们的认识达成一致性，需要的并非退行至孩童环境，而是改变现实自我、理想自我，削减其中的落差，使两种自我达到和谐统一。

正所谓，破山中贼易，破心中贼难。想让自我达到和谐统一，并不是一件简单的事情，但我们仍能采取一种简单的方法，在面临挫折、痛苦，在追寻面子的过程中，我们需要停下来，想一个简单的问题："我是谁？"

# 你所恐惧的并非差评，
# 而是评价本身

幻想，是这个世界中最为美好的事情。因为在幻想的世界里，我们可以不顾及现实原则与逻辑思维，真正做自己的主人。对现实短暂的脱离，使得我们紧绷的神经短暂喘息，从而得以再次鼓起勇气，重新面对现实的压力。

但幻想，也是一种破坏性的力量。它可以在不经意间取代我们有意识的行动，使我们陷入妄想之中，寸步不前。正因为如此，英国诗人塞缪尔·约翰逊警示世人："我们可以把幻想当作旅伴，但必须请理智做向导。"

我们许多人都曾幻想过财富的爆炸性增长，幻想过成功后的场景。我们清晰地记得幻想中他人倾慕的目光与内心中所充斥着的满足感。充满戏剧性的是，当多数尝试过短暂成功的人真正地体会到他人的倾慕与围绕着的掌声时，他们并没有如幻想中那般满足地享受，而是想要快速地逃离。

这是怎么了？明明我们在抗拒着他人的负面评价，追求着他人的正面评价，但当正面评价真正来临时，我们为什么却感到无所适从？我们似乎无福消受那些掌声与赞美，其中的原因又是什么？其实这很简单，我们所恐惧的并非负面评价，而是评价本身。

我们每个人，一生都在追求着不同的目标，我们为此付出了无数的时间与精力，似乎我们存在的本质，就是为了一个又一个目标的实现。目标的吸引力是那么强大，强大到我们甚至无法停下来，去思考一下自己是否真的想要，是否真的选择了一个正确的目标。

我们给予目标太多的正面意义，我们无数次幻想过目标实现后所带来的种种美好。幻想给予我们前进的动力，但当目标真正实现的那一刻，对正面评价的恐惧，使我们的幻想破碎。我们似乎失去了享受成功的能力，对于敏感的我们来说，那些成功所转化的正面评价，却带给我们如负面评价一般的压力与焦虑。

成功，需要努力与机遇并存。许多时候，我们都需要一个机会，才能突破自己的能力，幸运地获得一定程度上的成功。庄和，这位在岗位中深耕 6 年有余的职场人，终于迎来了属于他自己的机会。一个全新的项目设想，虽被总公司所关注，但部门内部却没有人看好它的前景。在经历同事不断的推阻之后，如烫手山芋一般交给了他。同事们在松了一口气的同时，已经做好了看笑话的准备。

我们很难说真理到底掌握在多数人手中还是掌握在少数人手中，我们唯一所知道的，便是时间才是检验真理的唯一标准。一切的一切都会随着时间而得以缓慢揭示。庄和自然能够意识到这个项目设想之中不切实际的地方，但是敏感的庄和凭借敏锐的嗅觉如福至心灵一般，找出能够将之落地的方式。

规划、调研、执行、跟钉，在这个过程中庄和虽然面对着无数新的挑战，但一个敏感的人往往是不言放弃的。庄和对成功的幻想，转化为行动，支持着他走完全程。项目设想落地，无疑使总公司职能部门悬着的心得以放下。随之而来的奖励与荣耀，在没有丝毫犹豫的情况下便得以制定与发放。

毫无疑问，庄和马上就被无数的赞美与掌声所环绕，正如他曾经幻想的那般。但当这一天真正到来时，当同事倾慕的目光，暗含嫉妒的掌声象征着他即将得到更多机会与可能时，他却并未如幻想般满足。相反，脸颊正在不断涌出汗水的他，只觉得无尽的尴尬与焦躁，一心想着离开这里，他甚至开始后悔，自己为什么要完成得那么出色。

早在多年前，社会学家便从认知角度提出了"评价恐惧"的概念。评价恐惧指的是部分个体在社交过程中，无论面对正面的评价还是负面的评价，都会产生心理上的负担与焦虑。抗拒负面评价我们尚可理解，但如庄和这般面对着积极的成就与正面的评价时，为什么也会感到尴尬与不安呢？

出于损失厌恶的心理，个体有时会放弃那些唾手可得的利益，只为了规避那些可能存在的风险。无法被观测到的内心自我选择，决定了一个人在许多场景下的行为决策。当个体表现出与场景明显相反的行为时，往往意味着他内心中有着不为人知且无法诉说的深层需求。

如果说，拒绝来自他人的负面评价，是为了避免自己陷入负面情绪，那么拒绝对他人评价的极度追求，则是踏入社会后所必须习得的情绪技巧。但是，拒绝他人的正面评价，拒绝成功所带来的附属物，明显是一种有损自身心理健康的行为。显然，在我们的内心深处，有着其他具备更强力量的影响因素在操纵着我们的行为。

　　竞争是生态学中生物进化的一种选择因子，随着个体知识总量的增加与累积成本的堆叠，竞争意识随之开始不断萌芽与生长，许多人不免开始错误地奉行"社会达尔文主义"。在早期有着分明地位的人类社会，地位意味着一个人对稀有资源的占有能力。当我们受到正面评价时，当组织中的其他人赞美与认同我们时，我们的地位有机会得以提高，但这恰恰是我们所恐惧的。因为这种地位的提高，意味着我们即将占有更多的稀有资源。这无疑会使同事对我们产生嫉妒之情，同时也可能招致上级的不满。

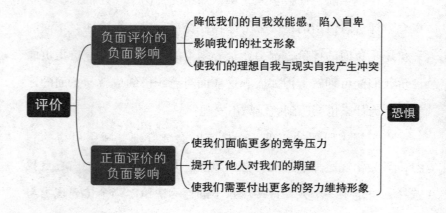

　　敏感的我们，总是回避那些竞争场景。因为在竞争场景中，我们不可避免地会感知到他人平静面孔下的愤怒。我们的同理心使我们不希望因为自己的出色而对他人造成负面影响，因此哪怕是正面的评价，也会让我们担忧自己引起同事、上级的不快，而令我们感到恐惧。

但是，我们不可能因为对评价的恐惧，而放弃对成功的追寻，因为我们总有想要完成的目标，总有想要实现的生活。可在对评价的恐惧和对美好生活向往的选择题之中，我们虽然总是选择后者，却依然摆脱不了对评价的恐惧，似乎有一种力量在影响着我们，使我们回避着成功。

《简·爱》的作者夏洛蒂·勃朗特（英）赋予了这本爱情小说现实的意义与神话的内涵。我们不仅会沉浸在作者精巧的构思与波澜起伏的情节之中，我们还可以从书中的情节品出生活的几分韵味。作者利用神话般阴森的场景为罗沃德塑造出"地狱"般的恐怖形象，使得我们可以理解女主人公简·爱在其中挣扎时的痛苦与无助。而这些痛苦与无助，并没有随着她离开这个场景而消散，正如书中写的那般："罗沃德的束缚，至今仍在你身上留下某些印记，控制着你的神态，压抑着你的嗓音，捆绑着你的手脚。"

我们对评价的恐惧，甚至胜过我们对美好生活的向往，只因我们也在遭受着"罗沃德的束缚"。

我们不可能接受所有事，不可能抵抗所有的负面情绪，对于一个成熟的人来说，或者说对于一个通透的人来说，有能力消化与化解这些事物与情绪，使其不对自身产生影响。但我们并非生而成熟，在成长的过程中，虽然我们也许并未受过生活上的重创，但日常生活中连绵不断的挫折与伤痛，仍在我们身上留下深刻的烙印。

有时我们会做出我们自己都觉得不可思议的行为。当我们逃离他人不断认同、赞美我们的场景后，我们在懊恼着自己为什么要做得如此出色时，却会在不经意间惊醒，并问自己："我为什么要害怕？"我们很难得出这个问题的答案，根本原因在于，这个问题的答案涉及了我们所不愿回忆的场景。

### 1. 潜抑

我们无法接受、无力经受的想法、情绪、行为、经历与欲望，虽然会令我们产生负面情绪，但这些负面情绪最终都会被时间所淡化。时间并没有吞噬它们，时间只是帮助我们将它隐藏起来，将它压抑到我们内心最为隐蔽的角落，但它仍旧会如附骨之疽一般，对我们产生着种种不良影响。

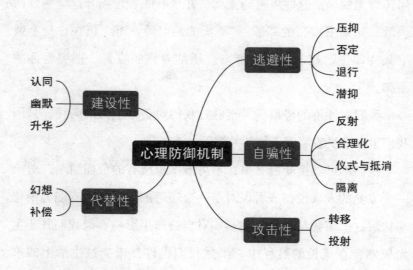

潜抑，是奥地利精神分析学派创始人西格蒙德·弗洛伊德在精神分析中提出的心理防御机制之一。潜抑阻止我们去面对那些

难以负担的痛苦，帮助我们将其压抑到潜意识之中，使我们不必长久地陷入负面情绪，但其仍然在我们的潜意识中保持活跃，并在我们难以察觉的情况下，对我们的行为产生指导作用。我们之所以恐惧评价，不管是正面评价还是负面评价，那是因为我们在过往的经历中，体验过满怀期待却坠入谷底的痛苦。

当我们手捧成绩单愉快地走在回家路上，脑海中幻想着父母种种的表扬与赞美，却在推开房门的那一刻，看到正在争吵的父母。他们中的一个，夺起成绩单将其撕得粉碎，留下一地我们破碎的幻想。或者说，我们幸运地推开房门后，父母给予了我们幻想中的一切，但当我们再次捧着成绩单回家时，父母却失望地说道："没有比上次高多少分。"

我们努力所付出的回报，有时是被父母所撕碎，有时提升了父母的期待，最终都会使我们倍感痛苦。这些痛苦显然是我们所无力解决的。我们只能将这些痛苦潜抑起来。每当再次有机会获得正面评价时，我们的潜意识，便会回想起那来自过往的痛苦。

## 2. 升华

人类个体不能承载过多的负面情绪。太多负面情绪的累积，最终会导致我们自身的"崩溃"。因此我们需要找到一种方式，可以帮助我们宣泄被压抑的负面情绪。好在，弗洛伊德早在《超越快乐原则》一书中，写明了解决的方法，那便是：升华。

升华，是一种成熟的情绪宣泄方式，指的是通过追求健康有益的活动，替代潜意识中的被压抑的负面情绪。在实际操作过程中，我们需要打破习惯性的第一思维，并用升华的形式替代这种思维，从而减轻我们对评价的恐惧。

当我们被同事的赞美与认同所环绕，当我们收获无数正面评价时，我们所产生的惯性第一思维，或是后悔自己为什么要表现得如此出色，或是陷入对这种场景的恐惧之中。此时，我们运用升华的方式，将后悔与恐惧，替代为握手与感谢，不仅可以增进我们与同事之间的感情，更可以帮助我们将潜意识中压抑的情绪宣泄出来。

我们用有力的握手来宣泄我们的后悔，我们通过真诚的感谢来宣泄我们的恐惧，经历长久的升华过后，我们终究能释放过往的负面情绪，也终究能够勇敢地面对那些正面评价，毫无顾忌地追求我们所预想的生活。

# 何必自卑？
## 其实你根本就不差

正确的家庭教育，需要科学的教育观念。而想要获得科学的教育观念，则需要经过长时间的学识累积与有针对性的探索。但在很长一段时间中，受限于生产力与生产方式，我们许多家庭，直至近些年才在互联网的作用下，获得了一定意义上的教育观念进步。在此之前，许多家庭的教育观念是懵懂且极端的，在教育的过程中，忽略了孩童发展过程中的需求，以打压、控制为教育主旋律，自然使得许多孩童在成年后面临着各种各样的心理问题。这些懵懂且极端的教育理念，在过往却获得了普遍的认同。一方面是由于口口相传的教育方式很难被外力所纠正；另一方面则是在家庭中父母扮演着教育者的角色，并没有太多的空闲时间去真正地关注孩童需求。

如今我们可以看到许多成年人，受过往普遍认同的错误教育理念影响，表现出一致性的心理问题。在这众多具有一致性的心理问题中，最为普遍的便是表现出明显的自我低估倾向。我们总是低估自己的能力与所拥有的一切；我们在自卑中表现出过分的敏感；我们曲解着他人的话语，猜疑着他人的想法，压抑着自己的情绪。我们渴望自信，却又在自卑中挣扎。

是物质决定意识，还是意识决定物质？对于这个问题的争论，尚未有明确的答案，哪怕是心理学的六大流派，至今也没有对意识的本质进行准确且可靠的定义。不过我们可以确定的是，物质世界对我们的影响，取决于我们意识加工后所做出的反应。

同样面对来自物质世界的挫折与伤痛，不同的人在不同心境、情绪的影响下，会做出截然相反的反应。有人会将这些挫折与痛苦看作人生必经的苦难，是磨炼自己的机会；而有的人则会将其看作由于自己能力不足、处事错误的"报应"。

物质世界在许多时候并没有直接使我们产生情绪反应。我们的情绪反应是自身信息加工的产物。这也就意味着，我们在改变自己的过程中，所遇到的许多阻力并非现实的阻力，而是由我们内心所衍生的阻力。

敏感的我们，在生活中总能遭受来自他人的嘲笑与挖苦、嫌弃和贬低。但这些使我们产生负面情绪的事件，很多时候并非现实存在，而是经由我们信息加工后的产物。当敏感的我们在自卑中挣扎时，哪怕听到他人真诚的赞美，也会觉得他人在嘲笑我们；哪怕获得他人真诚的对待，也会在细微处找到他人讨厌我们的证据。

自卑，使我们敏感且多疑。我们扭曲着他人的话语，时刻担忧着由于自己不够出色，由于自己的错误而可能导致的种种"恶果"。一位从事清洁工作的人，能够在这个岗位中达到多高的成就？或许通过勤勉踏实他可以获得广泛的好评，或许通过聪明才智他还可以找出优化工作流程的工具与方式，但他所能获得的成就，或许便只能止步于此。如果想要获得更高的成就，则不免需要脱离这份工作。

但当这位清洁工看向教室中的黑板，拿起粉笔以令人眼花缭乱的速度，轻而易举地解开一道世界级的数学难题时，我们都能意识到，他并不适合清洁工这份工作，他理应到更广阔的世界中，获得更高的成就。这便是电影《心灵捕手》为我们所呈现的一幅称得上"荒诞"的画面。

男主角威尔，这位从事着清洁工作的"天才数学家"，拥有着被万人瞩目的能力，却深陷自卑情结之中挣扎不已，无法自拔。他不敢接受女友的爱，不敢接受更为合适的工作。他曾有过无数次机会获得更加美好的生活，但他却偏要画地为牢，受困于童年的创伤之中，以一种自我惩罚的方式，过着平凡且枯燥的生活。

自卑与否，与现实并无关联。它是我们内心的反应。我们总担忧自己不够出色，不配得到他人的认同与赞美，但事实上真的如此吗？我们真的如我们想象中那般，是一个身无长物、表现糟糕至极的人吗？我们真的没有任何出色之处，不配获得任何成就吗？

虽然我们时常会陷入自我否定之中，但我们内心深处都清楚地知道事实并非如此。我们有着过人之处，我们可以获得更高的成就，我们只是受限于自卑，不愿承认罢了。我们低着头走路，我们不敢在公共场合讲话，我们做任何事都小心翼翼，我们忍气吞声不敢反驳。我们正如奥地利人本主义心理学先驱阿尔弗雷德·阿德勒所说的那样，自卑最为典型的表现是逃避现实和依赖他人。

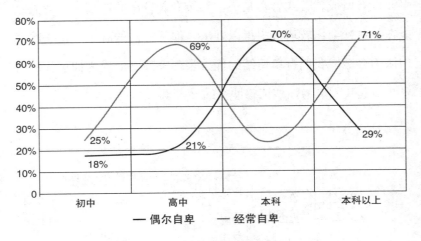

学生自卑情况调查

自卑让我们吃尽苦头，它让我们长久地沉浸在负面情绪之中，敏感地与这个世界相处，并在猜疑与自我否定中，不断地逃避着现实，逃避着亲密关系。

我们都能意识到自卑带给我们的痛苦。我们虽然也曾幻想过自信的模样，但哪怕我们拥有了不错的物质条件，拥有了出色的技术能力，也无法对我们的自卑起到任何缓解作用。我们在这种自我认知的冲突中，渴望着自信，却注定求而不得。

许多人对自信抱有错误的定义，认为所谓的自信，便是在一次次的社会比较中胜出，成为他人口中的"别人的孩子"。但这种自信不过是我们对自卑的一种反向补偿，它并没有触及自卑的根本。因为许多时候，其实我们已经表现得足够优秀，在社会比较中也并没有落入下风。我们或者年纪轻轻便有车有房，或者在事业上有所成就，或者在某一个领域有着较深的造诣……我们总能在某些社会比较环节中得以胜出。但每一次的胜出、每一次我们认为会缓解我们自卑情结的优秀表现，却恰恰成为加重我们自卑，引起我们更为强烈情感冲突的导火索。

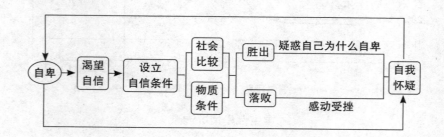

究其原因在于，外界的评价与我们所拥有的物质环境，并不是导致我们自卑的关键原因；相反，这些我们所认定的自信条件，反而会让我们在自卑中越陷越深。也就是说，在没有克服自卑的情况下，我们越是出色，便越容易陷入自我质疑之中。

"我明明已经很优秀了，为什么还是这么自卑，是不是我高估了自己？"

"那些物质条件不如我的人为什么看起来那么自信？是不是我高估了自己的条件？"

自信，是我们为自己所设置的反向补偿，但当这种补偿真正被触发时，我们却变得更加自卑。在自卑中不断挣扎的我们，似乎变得有些享受自卑。不然我们给自己选择的救赎之路，为什么会在无意识间成了我们的沉沦之路？

没错，我们在享受自卑。我们以谦卑的姿态与这个世界相处。我们尽可能地伏低身体，以极低的姿态避免着与他人的冲突与现实的重负。我们窃喜于自卑带给我们的小心翼翼，因为这可以让我们规避冲突；我们享受着自卑带给我们的敏感，因为这可以让我们更好地感知他人。

我们享受着自卑，我们享受着出让自身利益时他人的赞许，我们享受着谦卑所带来的友情，我们享受着自卑带给我们的一切。我们或许本就不想变得自信，我们不希望提升他人对我们的期待。我们以自卑的方式经营了太多的形象与友情，我们担心这一切在我们变得自信后，会随着自卑一同离我们而去。

如果一个病人通过疾病可以获得他所祈求的外界关注，获得所希望的情感收益，那么他很可能会强化自己的"病人"身份，尽可能地拖延康复时间。正如年少时的我们，在不幸发烧时，收获了家人多倍的关心与爱护，获得了充足的物质满足，同时又免去了学业的负担，那么我们不可避免地会在内心祈求这场疾病能继续下去，不要痊愈。这种有趣的现象，在心理学中被称为继发性获益。

我们之所以无法挣脱自卑，我们之所以会低估自己，是因为我们虽然是在伤害自身，但我们得到了继发性获益。我们沉浸在自卑中，痛苦却快乐着。

我们并非经济学中的理性人，我们很难保证自己的所有行为，都遵守以最小代价争取最大收益的方针。哪怕那些代价与收益，在希腊女神艾斯特莱雅的天平上表现出明显的得失之分，我们也会因为受自身的情感倾向影响，去进行非理性的选择。

我们享受着自卑带来的一切，因为伴随我们一同成长的自卑，本就是构成了"我"的一部分。但自卑对我们所产生的负面影响，随着我们年龄的增长，而表现得更为强烈。我们年龄每增长一分，自卑所带给我们的痛苦，也就随之强大一分。

我们知道，我们与自卑之间必须进行切割。我们总归需要在人生中的某一刻，战胜自卑，重新地评估自己，使自己从痛苦中挣脱出来。

## 1. 改变思维模式

在东西方文化碰撞的过程中，我们的许多思考方式受西方世界影响，在悄无声息中产生了变化。其中最为普遍的是，我们开始以二分法思维模式去思考事物。所谓的二分法思维模式，指的是我们开始以极端化的形式对信息进行处理，将世界中的事物笼统地归类为好与坏、美与丑、善与恶。

这种二分法思维模式虽然有助于我们更快速地处理信息，但同时也使我们陷入一种逻辑谬误之中。我们之所以会自卑，就在于我们在参与到社会比较的过程中，或者说是在完成某些工作的过程中，对结果、成果进行了错误的归类。

"虽然我在能力上比他更加出色，但他拥有更好的人际关系，因此我不如他。"

"虽然在工作上我有着不俗的成果，但比起故事里的人，我还差得远。"

…………

二分法思维模式不存在中间状态，这也就使得敏感的我们，哪怕是获得了一定的成果，也因为"不够完美"，而低估自己的能力。每一次的低估，都可以看作一种对我们自身的质疑。在不断的质疑之下，我们不免会陷入自卑的情结之中，卑微地追求着继发性获益。

## 2. 改变归因风格

对待相同的事物与经历，我们每个人会有不同的解释方式。同样的成就，在有的人看来是自己付出的回报，在有的人眼中却是运气使然。我们对结果的解释，产生于我们的知觉、思维、推断等信息加工过程。这个过程，在心理学上被称为"归因风格"。

敏感、自卑的我们，总是采取着消极的归因风格。我们将成功归因为同事帮助与机缘巧合，使得我们无论取得何种成就，都无法增强我们的自我效能感，自然使我们陷入自卑之中。因此，我们可以试图将消极的归因风格，转变为积极的归因风格。将那些失败、挫折归因为外部因素，认为是市场的变化、外界的影响；将那些成功、出色归因为内部因素，认为其来自我们的努力与付出。

每一次归因风格的改变，都会成为一种增补我们自我效能感的机会。我们也终将能够意识到：

"我，一点也不差！"

# 别让负面回忆击垮你

人类对自身的探索从未停止。如今，得益于科学体系与技术发展，人类对自身更是有了更为清晰且直观的了解。但在面对人类"灵魂"的栖息地大脑、面对那近千亿的神经元时，我们也只能在望洋兴叹的同时，感慨这大自然的神奇造物。

我们都知道，大脑储藏着我们一切的经历、情感与认知。它掌管着我们一切的思维。正是由于它精密且复杂的结构，才使得我们能够进行高阶的思维活动，从而与野兽进行区分。

但或许正是因为大脑本身的复杂性，使得我们并无法完全地掌控它。很多时候，我们似乎只是被动地接收它所传递给我们的信息，遵从它的要求进行思考，并在它的影响下产生不同的情绪。

我们无法控制大脑，大脑并不像计算机那般，忠诚存储记忆，并能够完全遵从我们的要求进行调用。相反，我们的大脑会根据我们所处的场景，有选择性地为我们呈现回忆中的画面。

这意味着，哪怕我们拼尽全力地想要删除一些令我们感到痛苦、羞愧、惊恐、怨恨的负面回忆。可大脑却总与我们的预想相悖。它是忠实且理性的，它向我们不断呈现着那些令我们想要逃避的回忆。

在心理学中，获得普遍认同的六种基本情绪，分别是快乐、惊讶、愤怒、恐惧、厌恶、悲伤。这六种基本情绪正如颜料中的三原色一般，构成了我们人类的种种复杂情感。

在长久将生存作为第一要务的原始社会来说，负面情绪有助于约束个体行为，防止个体莽撞地将自己陷于危险的境地之中，同时也使得个体能够更好地根据经历提炼经验与教训。因此我们可以看到，在这六种基本情绪之中，有四种情绪是明显的负面倾向。

长久在原始社会中生存的人类个体，已经在长久的危机环境中习得了负面情绪的重要性，因此负面情绪对个体的影响力往往得到放大。但是在如今的文明社会中，关乎生存本身的危机已经大大减轻，负面情绪带给我们的损失已远超过它为我们所带来的收益。虽然我们认同这点，但出于大脑本身的不可控性，我们仍然会不受控地沉浸在负面回忆所带来的负面情绪之中。

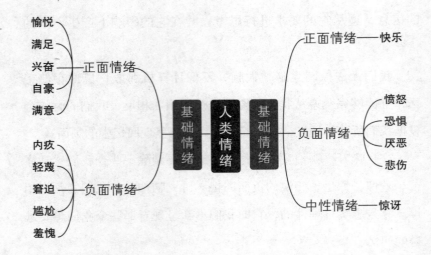

愉悦
满足
兴奋
自豪
满意
—— 正面情绪

内疚
轻蔑
窘迫
尴尬
羞愧
—— 负面情绪

基础情绪　人类情绪　基础情绪

正面情绪——快乐

愤怒
恐惧
厌恶
悲伤
—— 负面情绪

中性情绪——惊讶

　　我们每天都会与无数的人擦肩而过。我们不清楚他们背后的故事，更不懂得他们当下的想法，但有时，我们会因为他们的穿着、神情，而给予他们一个模糊的定义。有这么一个人，他每天穿梭于大街小巷之间，以维修工的身份完成着一项又一项无聊的工作。人们无法从他淡漠的脸上读出任何的表情。他像一台机器人一般游走于大街小巷之中。人们虽然在模糊地给予他不同的评价，但唯一相同的是，所有人都能感受到，他是一个无趣的人，在他身上看不到任何的热情。他如一具行尸走肉，勾不起他人任何关注的兴趣。

　　生活中，我们也经常会遇到这种人。他虽然会令我们感到奇怪，但我们绝不会去试图探寻他过往的经历。因为那在我们看来，注定是"无趣"的。但电影《海边的曼彻斯特》却向我们剖析了他的过去、他所经历的伤痛与令他无法释怀的现在。他就是《海边的曼彻斯特》这部电影的主人公李。李原本有着和睦的家庭，有着深爱的妻子与视若珍宝的孩子。李也会像平常人一般表现出种种情绪，他会夸张地笑，也会尽情地哭，绝不是如今这般麻木的样子。但一次由于李疏忽引发的大火，改变了李的命运。两个孩子的离去，让李永远无法原谅自己。

那些负面的画面，在李脑海中不断地拼凑出种种可怖的形状。李或许在某一刻想要去抵抗，但最终，在这不受控的负面回忆中，李将自己完全地封锁。他并没有遗忘那些画面与那些令人窒息的痛苦，无非是这些画面与痛苦，组成了他，成了他的一部分，共同支配着这麻木的躯体。李最终以一种赎罪的形式缓慢且痛苦地走完了自己的一生。

一个人的一生，会在不经意间遗忘许多事。医学上认为，人体内的细胞每一个小时便会更新上百万个，每隔七年，便可以全部更新一遍。那些令我们感到窒息的痛苦，那些令我们感到不堪的羞愧，那些不断在回忆中伤害着我们的场景，似乎仅仅能在我们的脑海中存在七年。七年后的我们，便又将是崭新的自己。

但我们的记忆，似乎并没有那么短暂。那些令我们痛苦、羞愧、尴尬、焦虑的回忆，并没有随着七年之期而消散，反而变得更加顽强。或许，七年真的可以治愈一切，前提是在这七年的时间中，我们没有再回忆起那些伤痛。但这些回忆，在这七年中不断地闪回。它的每一次出现，都强化了我们对它的记忆。我们清楚地知道，仅仅依靠时间，并无法消弭它们。

这世界上任何事物、情绪的存在都必然有它的意义。许多我们所无法摆脱的负面回忆，实际上是因为我们需要它们。虽然我们不愿意承认这一点，但这一点恰恰是一种事实。我们需要负面回忆的存在，它们使我们在"赎罪"的同时，吸取教训。

我们每个人在工作的过程中，难免会有纰漏或是疏忽。这些纰漏与疏忽给公司造成损失，引起上级责骂，自然是一件令我们感到羞愧且焦虑的事情。虽然没有人愿意体会这种场景，但我们又该如何保证自己不会重蹈覆辙？大脑在此时给予了我们一种解决方法，那便是通过不断的负面回忆，警示我们，使我们能够更加谨慎、小心地对待工作。

许多人，在孩童时期道德感尚未完全建立，没有足够的心智去约束自己行为的时候，都做出过一些违反道德标准的举动。有人会为了心心念念的玩具，从家长的口袋中偷偷掏出几块硬币；有人会为了避免责骂，将自己所犯下的错误，推诿给其他人。在成年后建立足够道德感的我们，对这些过往的行为会感到无比羞愧，但我们无法穿梭时间轨道再回到过去，因此出于"赎罪"感，我们的大脑会不断地重现这段回忆。这令我们痛苦的负面情绪，恰恰满足了我们对"赎罪"的需要。

我们不能否认的是，负面回忆有着它存在的必要，但当这些负面回忆一次次在我们的脑海中盘旋，不断地得到强化之后，它所带来的正面意义也就荡然无存了。这些负面回忆让我们陷入长久的精力分散状态中，我们受限于它所带来的情绪伤害，每天都感到被压得喘不过气来。

没错，是时候和这些负面回忆说"再见"了。

我们许多错误的思维方式，在其刚刚出现之时，往往会带给我们正面的收益。只是随着时间与运用次数的增加，它们变得极端化，对我们产生了负面的影响。那些负面回忆在伊始，可以使我们更好地从负面事件中吸取教训，可以让我们获得一种"赎罪"感"。但慢慢地，当它们占据我们脑海中更多的位置时，我们便为其所累，长久地沉浸在负面情绪之中。

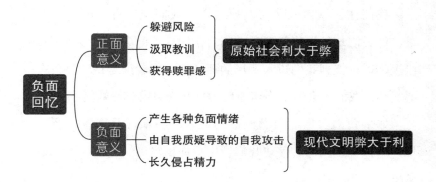

　　幸运的是，我们总有办法去打破、改变这种错误的思维方式。

## 1. 打破反刍式思考

　　我们在被动地回忆那些负面经历，我们不断地咀嚼着这些负面经历的成因与结果，如反刍一般，不断地细细品味。我们总能回忆起上级责骂我们时愤怒的面孔、四周同事的窃笑与担忧。哪怕经过时间的冲刷，这些场景仍然历历在目，似乎我们仍然置身于彼时彼刻。这便是原美国心理学家苏姗·诺伦·霍克西玛所说的反刍式思考。

　　想要打破这种惯性、被动性的思考方式，我们有着许多方法。我们可以练习正念，或者说是建立一种掌控感。但这些方式，可以应用于近乎所有的情绪、思维问题之中，缺少了一些针对性，自然在效果上也要大打折扣。因此，想要挣脱反刍式思考所带来的负面回忆，我们需要对这些负面回忆进行有意识的分离。

## 2. 回忆分离

我们往往忽视成因而惧怕结果。我们担忧着一场考试的结果，但我们却可以将复习抛在脑后，以狂欢的姿态迎接考试日的慢慢临近。直到我们迈入考场的那一刻，或者说考试结果公布的那一刻，我们才会悔不当初地埋怨自己为何没有好好复习。

如果我们将那些负面回忆的成因与结果拆开来看，便会发现，真正触及我们、导致我们产生负面情绪的，并非成因，而是结果。

"因工作疏忽，导致公司造成损失，遭到上级责骂"

成因：工作疏忽。

结果：公司损失，上级责骂，同事耻笑。

我们在进行反刍式思考时，更多的画面聚焦在结果之上。我们会回忆起上级的愤怒与同事耻笑的场景，但经过时间的冲刷过后，我们当时为何会疏忽，当时是什么样的信念在影响着我们，反而被我们所忽略了。

如果我们反刍式思考时所聚焦的场景是自己为何会疏忽，所回忆起的场景是当时工作有多繁忙，抑或工作过程被会议所打断，我们既可以总结出经验教训，也可以找出当时导致我们疏忽的真正原因，那么这些场景，往往不会引起我们的负面情绪。

因此，我们要学会对回忆进行分离。当我们回忆起那些上级的愤怒和同事的耻笑时，我们需要做的，便是聚焦于当时的成因，思考到底是什么导致我们遭遇了这种结果。这种注意力置换的方式，不仅有助于我们消减负面结果所导致的负面情绪，更有助于我们更好地总结经验教训。

同时，我们也需要给那些糟糕的结果进行一种定义，我们可以将其看作"成长所必需的弯路"，看作"年少无知的代价"。总而言之，我们需要将其归类为一种过往，无法挽回却有着积极意义的经历，从而减轻我们心中的羞愧与遗憾。

当我们一次次地使用回忆分离，逐渐地打破反刍式思考模式之后，我们的大脑便可以从惯性中解脱出来，停止为我们输送那些负面的回忆。如此，我们受回忆所累的负面情绪，也就得以烟消云散。

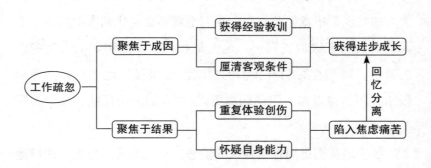

# 讨好他人让你倍感疲惫，
# 其实你只是在讨好自己

人生在世，总会遇到各种各样的问题与挑战。家庭中的冲突，友谊中的背叛，爱情中的别离，工作中的失落，社交中的摩擦……无时无刻不围绕在我们周围，并使我们产生种种烦恼。

如果人类一直以独居的形式生存在这个世界上，或许烦恼会大大地减少。毕竟如此一来，我们也就不必担忧同事的排挤、爱人的离去与上级的责骂……他人是我们的参照物。他人对我们的看法，时刻在影响着我们的情绪。也难怪奥地利个体心理学创始人阿尔弗雷德·阿德勒都要说："人的一切烦恼，来自人际关系。"

敏感的我们更加害怕他人的愤怒，担忧他人的忽视，遗憾他人的离去，但真正让我们无法接受的，是来自他人的讨厌。

没错，敏感的我们有时会在一瞬间感到如坠深渊，陷入迷茫与悲伤之中，只因他人的那一句："我讨厌你。"

人类并非社交狂热者，对于大多数人类来说，社交不过是为了满足某些期望所进行的必要行为。人类天性中隐藏着对独处的空间需求与对孤独的情感需求。毕竟在独处与孤独之中，我们才得以自由喘息，找到内心的安宁之处。

但这种对独处与孤独的需求，很难宣之于口，因为在社交环境中，这很容易让他人产生误解，被他人看作一种疏远。因此，人类很有默契地自发地形成了一种被称作人际边界的规则。这使得每个人，都可以在不损害社交关系、分工协调效率的情况下，获得短暂的喘息机会，享受到难能可贵的自由。

但是，我们又十分敏感。这种心照不宣的人际边界，无法阻止我们对他人内心探求的渴望。我们希望了解对方的一切，与对方时刻相处，从而才能对双方关系产生足够的安全感。

我们希望获得更多对方不愿宣之于口的秘密，希望成为对方最特殊的那个朋友，希望能完全地了解到对方的一切。我们不断地追问，不断地猜测，不断地探求，哪怕对方脸上已表现出十足的不满，语气也愈加愤怒，但我们仍乐此不疲。

我们过于注重情感的建立与维持，我们希望凭借更多的信息与更多的相处时间，更好地了解到他们的需求，从而更好地讨好他们，并随时准备给予他们所需要的一切，只为了让对方永远都不要说出那句："我讨厌你。"

但我们似乎总是无法获得我们所想要的，我们总是无法理解他人口中的："你太敏感了"是什么意思。我们只是一次次地跨越着人际边界，强迫对方如"恶人"一般接受着我们的讨好，然后给予我们永不离弃的回报。

幸运的是，我们没有遇到真正的"恶人"。我们所希望维持的感情，本就是值得的，只是对方在我们所给予的重负之下，不得不与我们逐渐疏远。而对方对我们的讨厌和厌恶，本就出于他们的善良。

我们总是在不断诉说着自己在情感关系中是如何受挫的，我们是付出了何等的真心，又如何被他人弃如敝屣。在千百次不断循环的诉说中，我们不仅认定了自己是人际关系中的受害者，更认为自己在行为上不存在任何的问题。我们所遭遇的疏远与讨厌，只不过是自己"遇人不淑"罢了。

确实，我们总是认为自己在讨好着别人。我们似乎付出了一切，只为了维持这段感情的存在。但事实上，我们真的是在讨好别人吗？我们那些跨越人际边界的刨根问底，那些死缠烂打的苦苦纠缠，真的算得上是在讨好吗？对于这个问题的答案，相信在我们内心深处都有着清晰的回答。

没错，我们并没有在讨好别人，我们不过是在讨好自己。我们希望别人关注我们，是因为我们害怕被忽视；我们希望得到他人的认可，是因为我们担忧自己不够好；我们希望得到别人的喜欢，不过是害怕被讨厌。我们对他人所谓的讨好，本质上不过是希望捆绑情感关系，通过情感控制他人，利用他人来满足我们自身的情绪需求。

电影《囧妈》中的男主角伊万由于一次意外，与母亲共同踏上了开往俄罗斯的火车。这本应该是一段充满暖意的路程，但早已脱离父母的伊万，却再一次感受到了那份沉重到让人喘不过气的爱意。男主角伊万的母亲，在伊始便近乎殷勤地端上一盒红烧肉，不久却以"吃多了不健康"为由，阻止了伊万伸向红烧肉的筷子。这对于伊万来说，自然是十分难以理解的事情。伊万在表达了自己的疑惑后，所收获的却是一句："我知道你嫌我烦，可妈妈无非是想对你好。"

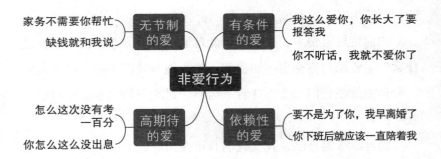

相信我们每个人都在生活中经历过这种以爱为名的重负。我们应该多吃西蓝花，因为对身体好；我们应该少吃肥肉，因为对身体好；我们应该好好学习，这样才能对得起妈妈；我们应该乖乖听话，这样妈妈才不会生气。

正如电影中伊万愤怒的质问一般，在我们的内心中一直以来也有一个疑问：我们到底是我们自己，还是父母所幻想出的一个孩子？我们是应该自由选择自己的生活，并去承担选择的代价，还是完全听从父母的指令，活成他们幻想中的样子？

我们很难得出这个问题的准确答案，但我们所能知道的便是，如果我们选择自由的生活，便必然会伤害父母的爱意，因此我们只能在自由与受控之间，寻求那丁点的妥协空间。而这种出于爱意的控制，很难不让我们产生逃离的冲动。这种以爱为名的非爱行为，我们每个人也都深恶痛绝。

其实，我们希望获得出于尊重、不含代价的爱意，但可惜的是，受限于教育理念，这种爱意的表现形式注定是稀有的。有趣的是，我们对这种非爱行为，称得上是深恶痛绝。我们也暗自下定决心绝不会让自己的孩子体验到这种痛苦，但我们却完美地延续了家庭错误的教育理念。我们已经在使用这种非爱行为，在爱情、友情中试图控制他人，让他们符合我们预想中的模样。

我们讨好着别人，希望尽可能地满足对方，而我们的目的是什么？是要求对方交出一切秘密；长久地与我们相处；将注意力百分百地放在我们身上，并且永远不去讨厌我们、永远对我们百般呵护。

别再继续骗自己，其实我们真正在讨好的人，只有一个，便是我们自己。

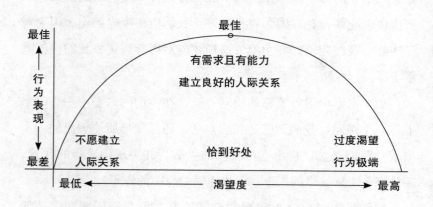

我们越是在乎，便越会失去。我们正像美国高空钢索表演者瓦伦达一般，虽在千百次的表演中磨炼出稳定且精湛的技艺，却在一次重大演出中由于过度紧张而付出生命的代价。我们为了万无一失而在脑海中进行着千百次推演，却由于过于在乎，在行动中表现得荒腔走板。

幽默的命运女神总是在我们的人生中，与我们开着一个又一个玩笑，看着我们不堪重负，看着我们痛苦焦虑，却始终不肯告诉我们命运的答案。或者，这些重负本就是命运的答案，我们终究会在失落、痛苦中，找到一条正确的道路。

我们只有在惨遭疏远，惨遭讨厌，在自以为付出一切却换不到任何回报之后，才能意识到，我们不过是在讨好自己。

## 1. 付出与回报不是一场交易

敏感的我们，总会感到一种彻骨的孤独感。当我们蜷缩于自己的小小世界里时，并没有感受到是在享受这个世界中的孤寂。我们希望有人能够找到打开我们内心世界的密码，走进我们的内心世界之中，倾听并理解我们的一切。

我们希望通过讨好来获得他人的倾听与理解，来使他人关注我们，并给予我们迫切需要的温暖。但这种通过付出从他人身上得到情感慰藉的想法，本身便是一种与温暖情感关系相悖的行为，更像是一种赤裸裸的交易方式。

我们希望自己付出讨好后，便能从对方身上得到我们所需要的慰藉；但对方似乎总有些心不在焉，总是无法真正地了解我们。我们忽略了自己对情感有着过高的期待，忽略了人与人之间沟通的复杂性。我们只觉得自己似乎有些吃亏。我们给予了太多，得到的却太少。

亲人们，清醒过来吧！我们所给予的那些情感与那些讨好，是以非爱之名，以一种荒腔走板的形式出现的。它不仅无法引起他人的共鸣，反而其中所隐藏的控制总是被他人所警觉，从而被他人所厌恶。我们愿意付出，前提是我们要得到足够的回报，这种交易方式，显然无助于关系的建立与维持。

### 2. 用给予弥补遗憾

我们习得了父母的非爱行为，并习惯性地用这种行为试图去控制他人。可这种行为却很难在成年人的世界中生效。

其实在我们每个人的内心中，多多少少都有一些遗憾。遗憾自己从未体会过无条件的爱意，遗憾自己从未享受过不含代价的温暖……因此很难说我们之所以能够习得非爱行为，是否是心中的恶意在作祟。

好在习得非爱行为是否是恶意作祟其实并不重要，因为如今的我们，已经足以意识到这种行为之中的不妥之处。我们已经可以理解父母的不易，可以认识到时代的局限性，我们虽然有着遗憾，但并不希望将这种遗憾传递给更多的人。幸运的是，我们可以去弥补这种来自童年的遗憾，我们只需要做一件事，便是将自己对他人的善意拆分为付出与回报。

我们对他人的关爱是付出，而我们希望对方同样关爱我们则是回报。但如果我们执着于回报，则不免让我们感到不适，由此这种对他人的关爱，便成为一种非爱行为。因此，如果我们只关注付出，我们只考虑自己给予了对方什么，而不去注重他人对我们的回报，我们才真正地传递了无条件的爱意与温暖。

"投我以木桃，报之以琼瑶。"善意在传递的过程中会不断地被回响与放大。那些我们所付出的无条件的爱意与温暖，终将在不经意间回到我们的身上。

当这些无条件的爱意与温暖，充斥在我们的身边时，我们又何须为童年的缺失而感到遗憾？

# 人生需要用心"跳出来"

虽然人类有着复杂的知觉、思维过程，但受限于人类大脑本身的局限性，我们显然不能拥有全知的视角。或许我们可以寄希望于对大脑的开发，使我们获得更高的思维能力，但可惜，所谓的人类大脑只利用了 10% 的观念早已被证伪。如今看来，我们每个人虽在智能上存在着差距，但出于物种之间的相似性，这种差距无法称得上是颠覆性的。

大脑思维本身的局限性，使得我们在运用这种稀缺的、有限的资源时，往往会因为对某一目标的过度执着，而陷入一种聚焦的模式之中。当我们将稀缺、有限的大脑思维资源，全部倾倒至我们所聚焦的目标之中时，我们似乎陷入了一种惯性之中无法自拔，使我们忽略了更为重要且紧急的事情。

正如曾经的我们，谨慎地行走于荒野之中，目光紧紧地盯在某个猎物身上。当我们爆发出全部的力量，急速地向猎物奔去时，周边的一切便变得模糊起来。我们只顾奋力地奔跑，耳边只有呼啸的风声，眼中只见猎物的动向，因此忽略掉在追逐的过程中，那如恩赐一般早已因受伤而束手就擒的猎物，也就不足为奇了。

我们可以理解脑力，理解体力，却很少去关注心力。心力是我们精神力量的总和，它建立在我们的体力与脑力之上，来自松弛有度的大脑与健康平稳的身体。正是它的存在使我们得以有效地处理日常生活中所需要面对的挫折与伤痛、需要与挑战。但由于我们对它知之甚少，许多时候，我们都觉察不到濒临枯竭的它向我们发出的呼救。

没错，我们很难认识到自己的心力不足。我们总是抱怨自己的时间不够用，抱怨时间的有限性给我们带来的挫折与伤痛。但时间本就是相对的概念，在面对同样的工作与挑战时，效率越高的人，越能在更短的时间中完成工作、赢得挑战。

有些时候，我们认为自己付出了全部的努力，已经在一条正确的道路上狂奔。我们认为自己已幸运地避开了人生中遍布的陷阱。殊不知，这仅仅是因为我们已经身处陷阱之中。

每个人在经过宸泽的工位时，总是免不了一声叹息，在这个工位上堆砌着如山般的文件，而文件杂乱的散布似乎在昭示着工位主人的繁忙。在公司已经三年有余的宸泽，在工作中称得上踏实与勤奋，主动地早八晚八，只为博取那难得的升职机会。

但所有人都知道他不会获得升职。这种论断并非来自他在会议中所遭受的责骂，并非来自他日渐萎靡的神情，而是大家都知道，宸泽虽然每天都被种种工作所环绕，但这些工作往往都是低级且没有价值的重复性工作。这不但无法为他带来亮眼的成绩，而且会让他因此而陷入碎片化的忙碌之中。

"如果多给我一些时间，我肯定能做得更好。"宸泽并没有感知到那些叹息。在他看来，自己承担着如此之多的工作，理应受到重用。而自己之所以没有被提拔，是因为自己的工作经常出一些细小的差错。宸泽并没有意识到他真正的问题所在，只是在不断地抱怨着时间上的不足。

显然，每天被繁重工作所拖累的宸泽，已经失去了全局思考的能力。他只是不断地沉浸在眼前的工作与期望之中，已没有足够的心力去思考真正重要的问题。宸泽已经无法意识到，升职并非不出错地完成工作便可以实现，它还与组织架构缺口及人际关系有关。

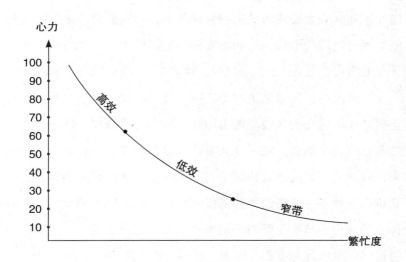

我们在工作中，许多时候也正如宸泽一般，过度沉浸在具体的目标与繁重的事务之中，只能麻木且机械地完成工作。我们失去了规划自己工作、人生的心力。每天只是在与时间赛跑，陷入了"窄带模式"。

在窄带模式中，我们能感知到自己的记忆力减退，能体会到自己似乎随时都处于烦躁与不安之中，但我们只会觉得是年龄增长，是工作繁重，很难意识到我们的心力已严重不足。

出于人类天性中的谨慎，我们的许多行为模式，遵从着尽可能减少消耗的准则。这虽然有助于我们更好地分配精力资源，但也很容易使我们陷入决策判断的固化之中。我们喜欢在一种行为模式中不断地重复与循环，哪怕我们能够意识到它是错误的，但改变这种行为模式，与我们天性中的谨慎相悖。我们不愿去改变，毕竟我们也无法预测改变后是更好，还是更坏。

因此，哪怕我们的心力已经处于严重不足的状态，哪怕我们已经感知到心力交瘁所带来的种种恶果，但我们总能给自己找到坚持现有道路的借口，从而心安理得地继续走下去。由此，我们长久地陷入心力交瘁的状态之中，逐渐深化至一种稀缺头脑模式。

宸泽沉浸在日常繁重的工作中，已很难找出他求而不得的真正症结，但远在大洋彼岸的美国哈佛大学终身教授、经济学家塞德希尔·穆来纳森，在同样面对这些复杂的工作与计划、面对那来自时间的不足时，却找到了问题的症结。教授背景的他，意识到自己正处于一种错误的行为模式之中。长久繁重的工作，造成他心理的焦虑与资源管理的困难。在努力地挣脱这泥潭之后，他将这种危险的行为模式，称为"稀缺头脑模式"。

心力帮助我们面对日常的工作与挑战，使我们拥有稳定的情绪与较高的思维能力，而当我们陷入严重的心力交瘁状态后，我们的思维能力也随之陷入低谷。我们已经没有能力意识到自己正偏离正确的道路，陷入稀缺头脑模式，成长也就因此停滞。

我们常说复盘，常说站在一定的高度上看问题，但这些思维活动需要建立在我们有足够的心力基础之上，不然所谓的复盘与高度，本就是在一种固化的思维中打转，最终化为空谈。人的智商与精力需建立在充沛的心力基础之上，不然哪怕是再高的智商与精力，都会随着心力的憔悴而下滑。

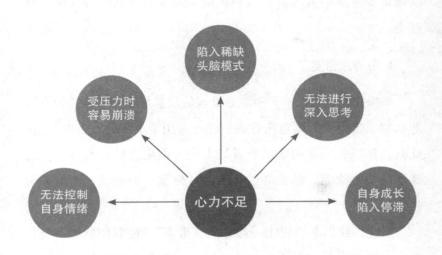

多数的人其实在二十岁或三十岁时就已经死了。一过这个年龄，他们只是变成了自己的影子，以后的生命不过是用来模仿自己。法国作家、音乐学家、社会活动家罗曼·罗兰在《约翰·克利斯朵夫》一书里以精妙的方式，描述了当一个人陷入"窄带模式"，以稀缺头脑模式生活的可怕后果。

其实我们中的大部分人都是如此生活的。我们深陷一种目标、一种繁忙的生活之中，不断地让自己处于心力交瘁的状态之中。我们低着头走路，从不抬头看天。因为我们的"带宽"似乎已经不足以支撑我们以"跳出来"的方式看待我们的人生。我们机械麻木地重复着一天又一天。在一天又一天的焦虑憔悴中，逐渐步入老年，然后失去所有由期盼带来的焦虑，接着便陷入长久的迷茫。

"带宽"不足的我们，注意力已难以集中，我们总是遗忘那些重要的事情，我们甚至已经无力面对生活中的变数。我们不断地诉说着生活的重负，直到这重负连我们说话的力气都一并夺走。

## 1. 节省"带宽"

如果我们将自己一天所能够处理的信息量看作一种"带宽"，那么"窄带模式"则意味着我们已经占用了全部的"带宽"。在此时，如果我们想要跳出来看待人生，做更为长远与具有一定高度的人生规划，那么必然会因为"带宽"的不足，而以失败告终。

因此，我们必须腾出一部分的"带宽"，使我们能够每天复盘、思考自己的工作内容与人生选择。我们必须控制信息的摄入，尽可能地将那些我们主观意识需要介入决策的事物，更改为可以通过信息内加工的方式来自动化解决。比如，

·通过软件设置自动交水电费、自动还信用卡；

·选择固化的上下班路线；

·预设我们下班后的休息方式，按优先度排列；

············

我们只有通过减少细微的"带宽"占用，才能够腾出一部分宝贵的"带宽"，来帮助我们去思考如何更好地完成工作。同样，我们只有将工作中的许多信息与决策交给信息内加工后，才能够有足够的"带宽"去思考关于我们人生的选择与方向。

## 2. 化零为整

虽然利用碎片化时间在近些年得到一定的追捧，但我们并不应该放任时间的碎片化。因为碎片化时间的不稳定与信息量增加，很容易使我们陷入"窄带模式"之中。我们需要将碎片化时间整合为大块的黄金时间。只有在这种稳定的黄金时间中，我们才有能力对心力进行恢复。

心力的恢复需要建立在内心的强大、情绪的稳定与心理的健康之上。想要实现这三点，则需要我们将腾出的"带宽"投入到自我的成长之中。我们可以利用大块的黄金时间进行阅读，也可以用来精进我们岗位所需的技能，只要是可以让我们沉浸其中，并能获得成长的事物，都可以帮助我们恢复心力，并且使我们提升心力的总量。

"窄带模式"使我们在思维上表现出"稀缺头脑"。我们受困于心力的不足，却在抱怨着时间的不够用。但其实，我们缺的并非时间，而是对时间的运用。

（第三章）

# 学会钝感，
# 挣脱自我情绪内耗

# 我们无法逃避痛楚，
# 但可以远离煎熬

电影以跌宕起伏的剧情，为我们所展示的悲剧人生故事，往往让人难以抗拒地投身剧情之中，与其中的角色一同悲喜。电影结束，我们从剧情中抽离，却不免会产生一丝失落感。

电影将平静、苦痛、新生以局促的手法一一呈现。在短时间内，我们便体会到了角色那撕心裂肺的痛、那终获救赎的喜。而当我们将其与自己的生活对比时，总会觉得自己的人生似乎从未活得那般精彩过。我们未曾体会过剧情中角色那般的低谷，更未看到过如他们那般的曙光。我们的生活虽称不上平静，但在波动时，总显得那么普通，甚至是平庸。

没错，我们大多没有体会过那些彻骨的痛，更没有体会过被生活所蹂躏后的绝望。但我们总觉得自己与剧中的角色有着相似之处，我们似乎不是在看一场表演，而是在照一面镜子。

其实，我们与剧中的角色一般无二。我们平静到近乎麻木的面孔之下，也曾有着同样的撕心裂肺与无能为力。

很难说，如果将短暂却巨大的痛苦与细微却绵延的痛苦同时摆在我们的面前，我们会做出什么样的选择。因为我们既无法确信自己能够承受那撕心裂肺的痛苦，也无法确保自己不会在由细微痛苦所累积的人生中逐渐崩溃。

但我们总要面对来自各个方面的挫折，不管是工作上的考验，还是生活中的不顺，我们总是感到处处棘手，甚至求而不得。它们总会以各种方式横亘在我们的人生道路面前。那么面对这些挫折所导致的痛楚与煎熬，我们是怎样应对的呢？我们大多懂得要直面这些痛楚与煎熬，但更多的时候，我们选择的是逃避。

没错，我们选择的是逃避，但是我们都没有意识到我们在逃避。我们只是一味地将那些痛楚与煎熬抛在脑后，努力地假装着它们并不存在，并暗自期待着命运的眷顾，将那些我们不愿面对的痛楚与煎熬，卷入时间的黑洞之中。

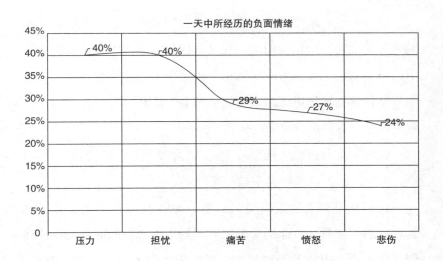

一天中所经历的负面情绪

丧子之痛，是多么令人肝肠寸断的痛苦，但在电影《兔子洞》中，我们却只见到一对恩爱的夫妻，以一种平静祥和的方式面对着这种痛苦。他们似乎已经安然度过了那足以让人呼天抢地的痛苦，开始以一种全新的方式生活。

但这令人难以承受的痛苦，并不像是一阵雷雨、一段泥泞。如难以治愈的顽疾一般，虽与你共生，却随时做好了摧毁你一切的准备。在剧中男女主角平静的面孔之下，实际上却蕴含着两颗敏感且破碎的心。两个互相表现出坚强的人，有着同样不可触摸的话题。

以一种小心翼翼的方式生活，用破碎的自我去温暖另一个同样破碎的人。这对两个人来说，都是一种难以承担的重负。或许两个人可以一辈子都不提起那令人绝望的话题，或许两个人可以拼尽全力地隐藏着自己的脆弱，但只是看到对方的面孔，只是感受到对方小心的呵护，便会引起对那段伤痛的回忆，两颗心也就顺理成章地逐渐疏远。

没有人愿意承受痛苦，我们总是在回避痛苦，因为那些令我们痛苦的事物，带给我们的往往并非仅仅是痛苦本身。正如电影中的男女主角一般，每一次回忆，都会使他们在悔恨、无力、懊恼等种种负面情绪中沉沦。他们像是会不断地活在那一天中，一遍遍地品尝那种肝肠寸断的痛苦。

他们抗拒着回忆，抗拒着重新品尝曾经的痛苦。但每一次抗拒，对他们来说，又何尝不是一次提醒？

我们都习惯于逃避痛楚与煎熬，但我们却总是无法真正逃脱。痛楚与煎熬，总像是"魔咒"一般依附于我们的身上，任我们百般甩脱，也总是无济于事。那些焦虑、紧张、愤怒、沮丧、悲伤所组成的负面情绪，总是在某一刻不受我们控制地降临，扰动我们的情绪。

或许，我们永远都无法摆脱那些负面情绪，因为我们本身的思维与情绪便存在"悖论"。每当我们试图想要去遗忘、压制那些负面情绪时，我们便给予了它更多的关注。在这一刻，我们便已经在回忆、放任那些负面情绪。因此，我们可以清晰地理解到《兔子洞》中男女主角的无奈，哪怕他们努力地表现出一副平静的样子，但在努力伪装出平静的那一刻，他们便已经不受控制地回忆起了那些痛苦。

或许，我们都陷入了一种二元对立思维之中。我们以善恶、对错来看待这个世界，将负面情绪自然而然地归类到邪恶的阵营之中，只因它会令我们感到痛楚与煎熬。但我们从未真正地去思考过那些负面情绪，没有考虑过到底是它本身邪恶，还是我们就是厌恶它。

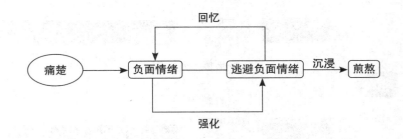

实际上，我们需要负面情绪的存在，亲人离去后的它，教会我们如何更好地爱一个人；遭受挫折后的它，教会我们应该如何更好地生活。我们需要它来打击、妨碍与袭击我们，在磨炼我们意志的同时，让我们得以焕然新生。

但我们已经习惯了逃避，我们以一种画地为牢的方式，尽可能地逃避着那些会令我们感到痛楚，令我们产生负面情绪的场景、人物与事物。我们虽然厌恶这种逃避，因为我们能清晰地品尝到这种逃避的煎熬，可我们在长久的逃避中已经失去了处理这种情绪的能力。我们只能将其看作邪恶的，从而继续欺骗自己，继续选择逃避。

我们厌恶、逃避着那些痛楚与负面情绪，只因它常常让我们感到煎熬。我们不愿承认，这其实并非它本身的错误，只是我们在长久的逃避中，已经遗忘了该如何接纳、面对它。

负面情绪本身是不存在的。它并非诞生于虚空之中，阴柔地缠绕于我们的脖颈之上。它不过是一种我们在遭受外界负面事件刺激过后所产生的次级情绪。它是经由我们过往经历与思维倾向加工后的产物，本就是由我们所制造的。

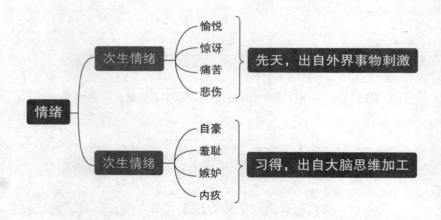

如果我们按照心理学，将情绪以发生的先后顺序进行排列，那么在面对爱人毅然决然地离去时，我们心中那难以自抑的揪痛感，便是我们的初级情绪。我们无法逃避它，更无法忽视它。我们只能接纳它。所幸，它并不会对我们造成长久的伤害。初级情绪只有短暂的生命周期，很快它便被我们所衍生出的次级情绪所替代。我们会悔恨自己过往的不珍惜，懊恼自己的迟钝，陷入种种由负面情绪所带来的煎熬之中。

我们无法逃避那些初级情绪的产生，因为它出现得太快、太突然，我们只能选择接纳。但我们可以逃避次级情绪，可以逃避那些令我们煎熬的负面情绪。这似乎是我们所熟悉的领域。但在无休止的逃避中，我们早已知道，逃避无法改变负面情绪的滋生。

因此，我们应该用一种全新的、更为大胆的方式，面对那些次级情绪所带来的令我们煎熬的负面情绪。

### 1. 品尝煎熬

我们尝试逃避着负面情绪所带来的煎熬，但每一次逃避都让我们重新记起它。更为重要的是，我们总能意识到这种逃避所带来的后果。我们逃避着工作上的考验与生活中的不顺所带给我们的煎熬，可每当我们看着镜子中自己憔悴、消瘦的模样时，内心却总会滋生出一种恐惧。我们害怕自己长久地沉浸其中，永远无法摆脱。

这种恐惧，使我们更加努力地选择遗忘，使我们拼尽全力地想要摆脱。但实际上，我们不过是全力地走向了一个错误的方向。我们正如被海中离岸流所束缚住，在拼命挣扎的溺水者一般。我们所需要的其实并非挣扎，反而是放手，让水流将我们带到更为平缓的海域，便可以掉转方向，游向岸边。

我们需要的并非遗忘与逃避。恰恰相反，我们应拼尽全力地去感受，感受工作上的考验与生活中的不顺，感受我们内心中的痛苦与那绵延不绝的煎熬。我们要让这些考验与不顺、痛苦与煎熬不断地冲击我们的情绪阈限，直到我们感到麻木、无趣，直到我们能够平静地俯视那些我们原本不愿回忆的场景。

在这个过程中，我们既不去评判工作与生活中的对错，也不去计较我们的付出与所得，我们更不企图工作中的难题与生活中的不顺往好的方向发展。我们只是将这段曾经令我们感到痛苦与煎熬的回忆，看作人生所必经的挫折，在一次次的记忆回放中，看清它本来的模样。

## 2. 找到意义

痛楚所带给我们的负面情绪中，有许多都出自我们对损失的厌恶心理。工作丢失、朋友背叛、亲人反目等等所带给我们的痛彻心扉的痛楚，背后又何尝不是有着对心血付诸东流的痛惜。我们讨厌沉没成本，因为这意味着，我们所付出的全部心血与努力，都随着对方的丢失、背叛与反目而一同沉没，像是永远无法打捞的沉船一般，消失在这茫茫的人海中。

好在，我们总能从这些沉没成本之中，从工作丢失、朋友背叛、亲人反目之中，品出几分人生的意义。这些人生的意义，既可以防止我们重蹈覆辙，更可以让我们将损失转化为收益。正如，工作丢失总能让我们发现自己在职场之中犯的一些错误；朋友背叛，总能让我们发现自己在交友方面的重大疏忽；亲人反目，总能让我们发现自己在生活之中犯了哪些忌讳。我们或是投入了太多的精力，或是付出了太多的时间，或是逾越了一些界限而不自知。

我们从过往痛楚所带来的煎熬中，找到那些令我们能够受益的教训，似乎也就让我们挽回了损失。这部分收益也许无法在短暂的时间内弥补回来，但它所带给我们的警醒，却可以让我们在未来找到更好的工作，遇到更好的知己，明白可以倾注自己余生精力的那个人是谁。

我们要接纳这些痛楚与煎熬。即便旁人看来，我们对这些痛楚与煎熬的品尝如顽石一般愚钝。但历经风吹雨打的我们知道，我们的内心坚如磐石，可以像青松一样立于悬崖绝壁而岿然不动。

# 既然吃不到葡萄，
## 何不就说葡萄酸

英国文艺复兴时期伟大的剧作家、诗人莎士比亚将嫉妒比作"绿眼的妖魔"，称谁做了它的俘虏，谁便要遭受它的愚弄。诚然，招惹到它，我们会不可避免地陷入心烦意乱与痛苦愤恨之中。因此，我们对它避之不及，甚至当这股情绪升起时，我们内心便会滋生出一种不可言说的罪恶感。

我们不希望嫉妒他人。不可否认的是，在很多时候，这并非出自我们对他人的善意，而是我们不希望经受嫉妒这种情绪带给我们的种种负面影响。可哪怕我们百般逃避，在面对他人的成就、他人所展示出的优越面时，我们仍不可避免地被这"绿眼的妖魔"所俘虏。

或许，我们不必过于担忧这种出自人类本性的自然情绪，正如"现代法国小说之父"巴尔扎克所说的那般，嫉妒虽然令人痛苦，但如果一个人毫无这种感情，爱情的温柔甜蜜就不能保持它的全部热烈。我们需要嫉妒的存在，它虽然令我们感到痛苦，但它同时也在平衡着我们的自我认知矛盾，在帮助我们宣泄情绪的同时，为我们提供前进的动力。

我们永远无法根除嫉妒，我们唯一所需要做的，不过是防止嫉妒转化为憎恨。

饥饿的狐狸，眼看着葡萄架上有着许多晶莹剔透的葡萄，但无论它如何努力跳起，都无法吃到葡萄。它盯着葡萄良久，说道："葡萄一定是酸的。"身为聪明人类的我们，可以为吃到葡萄想到许多办法，可以搬一把椅子过来，可以请森林里的其他朋友帮忙……我们窃笑着狐狸的愚笨，鄙夷着狐狸的放弃，但我们唯一忽略了——狐狸的智慧。

没错，葡萄是狐狸想要追求的目标，但在遭遇挑战时，愚笨的狐狸选择了放弃。我们可以为这只狐狸下一个草率的定论，那便是，它必然与其他野兽无异，只配茹毛饮血般地生活。

但狐狸真的如我们想象中那般不堪吗？这则出自《伊索寓言》的故事，是否还有着另一种解读方式？实际上，狐狸有着属于它的智慧，它或许也懂得应该站到高处，也懂得求助于森林里的其他朋友，但那真的值得吗？说到底，这不过是几串葡萄而已。这葡萄既无法为它提供优质的蛋白质，又不是非吃不可。

虽然对于狐狸来说，在看到其他小动物在葡萄架上大快朵颐时，不免会产生嫉妒，但与其为了几串葡萄费尽精力，不如说一句："葡萄一定是酸的。"这样便可以心满意足地掉转身体，去找那些位于它食谱之中，更加容易获得的食物。

近些年，越来越多的人开始懂得"狐狸的智慧"。我们纷纷化身为"柠檬精"，在看到他人的优越面，看到那些令我们羡慕的生活方式时，我们不再是将嫉妒隐藏，而是通过一句"我酸了"，将嫉妒宣之于口，然后体面地不再提及，继续按照我们原有的生活方式生活。

毫无疑问，比起将嫉妒的情绪深深压抑于我们内心，在罪恶感与落差感中受尽煎熬来说，通过一句"我酸了"，大方地承认自己的不足，以自嘲的形式进行情绪宣泄，本就是一种明智的行为方式。

嫉妒来自我们的预期，正如我们也希望获得那体面的生活与受人钦羡的目光，但与其在求而不得中徘徊焦虑，我们不如通过自嘲，来主动地降低自我预期，以从自我情绪内耗中挣脱，反而会让我们有获得更高成就的可能。

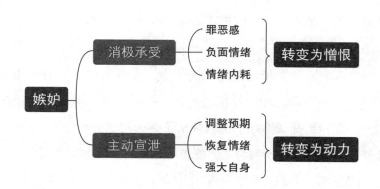

所以，嫉妒并非洪水猛兽。它不过是与我们共生的一种情绪。如果我们主动地接纳与宣泄它，那么它反而会让我们获得成长的动力。

当然，嫉妒也从不会对我们百依百顺，一旦当我们没有及时地宣泄，使它得以酝酿与发酵，它也就终将变为"绿眼的妖魔"，以"憎恨"的面孔，让我们陷入暗礁险滩之中。

德国著名思想家、作家、科学家歌德将嫉妒看作一种消极的不快。它来自世界的各个角落，以一种我们所无法抗拒的形式，使我们陷入消极之中。如果我们长久地沉浸在嫉妒所带来的消极之中，主动地去与他人对比，然后长久地去感叹、悲伤、懊恼、悔恨，那么嫉妒便会转化为憎恨，成为一种积极的不快，一种来自我们思维的自寻烦恼。我们也就难免要蹲在葡萄架下，在垂涎欲滴中备受煎熬。

憎恨，是一种远比嫉妒可怕的力量，如果说嫉妒是我们内心中独自体会的酸楚，那么憎恨，则将这种酸楚以恶意作为支撑，延伸到我们所接触的所有事物之中。我们开始攻击、嘲讽、戏弄他人。我们不再希望赶超，不再考虑成长。我们开始恶毒地期盼着他人美好的生活，在顷刻间倒塌破碎，为此我们甚至不惜付诸行动。

在电影《西西里的美丽传说》中，有着卓群美貌的玛莲娜，在出生的那一刻，命运便早已想好了她的磨难。本来岁月静好，丈夫的随军出征却给她的生活带来了翻天覆地的变化。这种变化并非来自家庭本身，而是失去庇护的她即将面临命运的戏弄。

玛莲娜的美貌，早已引起了其他女性的嫉妒。这种嫉妒慢慢地酝酿与发酵，终于在她失去庇护的这一天，膨胀为令人恐怖的憎恨。无数女人以疯狂的姿态冲进玛莲娜家中，撕烂她的衣服，剪掉她的头发，以拳脚来宣泄她们的愤怒。

这是何等的深仇大恨？这由嫉妒所引发的憎恨，终究吞噬了她们的理智，使她们化身为一个个的"绿眼妖魔"，只消有一丁点的借口，便可以将这无尽的厌恶与恨意倾泻而出。处于风暴之中的玛莲娜，在她们的眼里或许已不再是一个鲜活的生命，而仅仅是一件发泄她们内心负面情绪的工具。

但她们——那无数的女人，并不是穷凶极恶之徒。她们既是家庭中深受喜爱的母亲，也是社区中温柔友善的邻居。任何一位看客，都不会相信她们有着那么澎湃且凶狠的恶意。毕竟玛莲娜并未夺走她们的丈夫，并未拿走她们的财产，那么她们为什么要如此呢？

美国哲学家艾瑞克·弗洛姆，将爱分作两种含义：一种是重生存的爱；一种是重占有的爱。我们希望占有，不论是那些我们所向往的生活方式，还是世界中所充斥着的物质，我们都希望能得到且占有它。在这种占有欲的作用下，我们希望这种生活只能由我们所触碰，只能由我们所限制、束缚与控制。"占有欲，让我们无法接受那些我们所梦寐以求的物品，被他人所先行得到。"玛莲娜并没有抢夺什么，她也从未从那些女人身上争夺爱意。但在那些女人看来，玛莲娜所拥有的美貌与众人温柔注视的目光，本就是一种抢夺、一种争夺。那些女人梦寐以求的事物，尽皆聚集在玛莲娜身上时，她们暗地里的嫉妒，也就顺理成章地转变为行为上的憎恨。

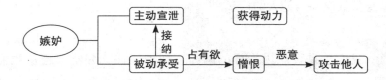

我们疼惜玛莲娜的遭遇，厌恶电影中那些饱含恶意的女人，但在现实生活中的我们，更多时候不似前者，而像后者。

或许是出于过高的道德感，在许多的时候，我们很难去面对那些负面品质。因此，我们总是将美好的品质套用在自己身上，而对那些负面品质与我们的契合之处，装作视而不见。我们不愿承认自己的嫉妒，我们在罪恶感中不断地压抑嫉妒。最终，嫉妒却转化为将我们所吞噬的憎恨。

占有欲，使嫉妒转化为憎恨，使我们的善意被恶意所覆盖，最终使我们在生活中，总是对他人、对事物进行控制。我们无法接受朋友与其他人更加亲密，无法接受爱人独自的生活空间。我们在憎恨中，以陪伴、爱意、友情当作借口，强行试图控制对方。这些强行控制所产生的结果，往往被我们称作报应。

## 1. 下限思维

我们为什么总想着占有？我们为什么总要占有朋友、爱人的一切，占有所有让我们感到喜爱的事物？因为，在很多时候我们把占有后的生活，想象得过于美好，将其奉为我们人生的目标，将占有后的生活视为我们存在的意义。

"我们想谈一场恋爱。这场恋爱在我们心中所呈现出的画面，是举案齐眉与相夫教子。"

"我们想买一辆新车。这辆新车在我们心中所呈现出的画面，是身份的提高与他人的仰慕。"

…………

我们总是设想出最好的画面，但现实往往并不会遵从我们的设想。恋爱中可能充斥着争吵，新车可能反而引起他人的猜疑……我们的设想过于美好，使得任何的现实都无法与其匹配，于是我们希望通过控制与束缚，来使现实与设想相匹配。但事物的失控本就来自我们的无法控制，我们只能被动地接受这种落差。

我们应该使用一种下限思维，尽可能真实地去刻画设想中的画面，接受"差不多就好"，自然也就没有了落差感，也就能够轻易地得到。

## 2. 尊重失去

我们为什么无法接受喜爱的事物被他人所先行得到？根本原因在于，我们害怕失去。我们将喜爱的事物看作一种稀缺资源，遵从着"先来后到"的分配方式，似乎他人的先行得到，意味着我们的即将失去。

但我们并非如孩童一般有着全能感。我们已经不再认为这世界上的一切物质、一切宠爱都属于自己。我们理应尊重失去，尊重现实的客观规律，意识到有些事物是我们所永远无法触摸的，是我们所永远无法得到的。

虽然这会令我们感到悲伤与痛苦，但这并不能称得上是一种失去。因为我们对事物的预想、对事物的占有，不过是飘浮于我们脑海中的幻象。它并未出现在现实世界之中，被我们所拥有。因此，我们既然从未得到，又谈何失去？

既然吃不到葡萄，何不就饱含嫉妒地说出那句："这串葡萄酸！"

# 举棋不定的你，
# 到底在犹豫什么

　　人性是复杂的，许多时候我们希望获得更多的东西，但在我们真正拥有这些东西后，却又觉得它们是一种负担。正如我们在生活中，往往希望拥有更多的选择权，从而使我们可以游刃有余地对事物做出选择，但当我们真正面临那犹如枝丫一般横斜不一的选择时，我们却踌躇不已，难以做出选择。

　　我们的人生需要选择权，因为失去选择权往往意味着我们已经陷入一种危险的境地，只能任由命运的推动，清醒地迈入那注定的未来。但当无数的选择摆在我们面前时，我们又并不能清晰地预知每一个选择背后的得到与失去。我们既希望自己做出了正确的选择，又担忧自己所选择的，其实是错误的答案。

　　于是我们便在这两种力量的拉扯之间，陷入决策瘫痪之中。

　　有一个问题，或许是我们永远都无法解答的：我们的命运到

底是有着既定的轨迹，无论我们如何选择，都只能通向同一种结局，还是由于我们选择的不同，将我们引向不同的结局？对于这个问题，悲观与乐观的人有着不同的答案，至今尚无定论。

但无论是乐观的人，还是悲观的人，生活中都会有着在无数选择之下，产生决策瘫痪的经历。毕竟即使是悲观的人，也希望能够通过正确的选择，来获得人生中片刻的闲暇。

许多人认为，我们只有在那些人生的重大关隘，才会在踌躇中陷入决策瘫痪。似乎只有那些关乎升学、影响婚姻、牵连求职的问题，那些会对我们未来几年、几十年产生重大影响的问题，才会使我们难以下定决心，才会使我们犹豫不决。

但实际上，哪怕是生活中的细小决策，那些只会影响我们几分钟、几天的事物，都会使我们陷入决策瘫痪之中。不然为什么一到吃饭的时间，办公室中便会响起纠结的叹息？为什么有人走在下班的路上时，会突然顿住脚步，原地停留？

不管是生活中那些重大的关隘，还是那些细小的选择，都可能使我们陷入决策瘫痪之中。原因在于，我们之所以产生决策瘫痪，并非因为我们要进行重要无比的选择，而是我们不知如何选择。我们的犹豫、踌躇，并非来自事物本身，而是出自我们内心。也就是说，并非事物本身阻碍了我们，而是我们的内心在阻碍着我们。

或许，我们可以说，是事物本身所裹挟的大量信息使我们疲于处理。我们的决策瘫痪，是因为我们无法承载这庞大的信息。不可否认，有时我们会陷入对信息的抽丝剥茧中而无法做出选择。但仔细想想，对信息的抽丝剥茧，不正是为了使我们获得更多的选择吗？而更多的选择，不恰恰会使我们难以选择吗？

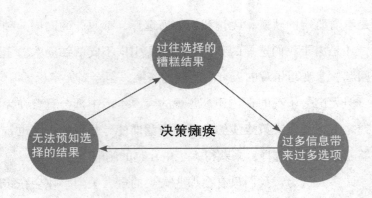

我们正是因为在面对多种选项时，不知如何选择，才会寄希望于对信息的抽丝剥茧，来使我们获得更多的选项。但那更多的选项，反而使我们更加陷入决策瘫痪之中。归根结底，决策瘫痪并非事物本身所造成的，而是我们的内心所造成的。

选择本身并不可怕，在选择之后所引发的反应与结果，才是我们所惧怕的根源。我们为什么可以轻易地为他人的人生提供选择意见？为什么在几分钟之内，便可以指引他人做出升学、求职等重大影响的选择？是因为我们为他人所指引的选择，并不会影响到我们自身，我们不必去品尝错误的选择所带来的痛楚，自然也就无须惧怕选择。

如果有一位从未踏上过陆地、一生漂泊于海洋之上的人站立于我们面前，向我们询问他未来的生活时，我们必然会毫不犹豫地教他踏上陆地。我们会告诉他陆地的平稳、万物的芬芳与来自大自然鬼斧神工的美景，我们甚至会迫不及待地帮他收拾行李，成为他的向导，给他讲述真正的世界。

电影《海上钢琴师》中的 1900 便是这么一位从未踏上过陆地的人。他的整个人生围绕着一艘巨轮，以一种在常人眼中可以称作怪异的方式生活着。一生漂泊于海洋之中的他，似乎已经完全地融入海洋之中。他可以在狂风暴雨中，摇晃地完成一首钢琴演奏，他也可以用音乐征服所有来自陆地之上的人。

但，哪怕是一艘巨轮，也有着它的生命周期。随着工人的解雇、设备的拆除，1900似乎不得不面对那人生中最为重要的选择，不得不面对一种新的、基于陆地的生活。他需要去面对新的世界，面对那错综复杂的规则，但他却选择死守在船舱之中，与这艘漂泊了一生的巨轮，走向了同样的终点。

身为旁观者的我们，不免会叹息，毕竟我们都能预想得到才华横溢的他，在下船之后会引起多大的轰动，会获得怎样的成就。我们甚至恨不得亲自帮他做出选择：果断勇决地踏上陆地，一头扎进我们所梦寐以求的功名利禄之中。

但选择并不是最重要的，在选择之后所需要面对的种种，才是决定一个人能否做出选择的关键因素。我们以旁观者的角度似乎能够看清且快速地做出选择，因为那些选择并不关乎我们自身。但如果我们角色转换，设身处地地去思考，对于一个从未踏上陆地的人来说，他如何能保证自己会在陆地上生活得更好？他如何能确保自己的选择，不会使他进入一种格格不入的环境之中，在煎熬与忧郁之中难堪地迎来自己人生的终结？

一个人如何能确保自己所做出的选择是正确的？如何能预知自己做出了最好的选择？我们无法确保，更无法预知。似乎我们只要做出了选择，便意味着我们亲手葬送了未来更多的可能。

我们陷入决策瘫痪之中，挣扎着不做出选择，不过是我们希望留在确定的现在，而不是去往不确定的未来。

我们希望留在现在，因为我们的现在是稳定且熟悉的，而我们所做出的每一次选择，似乎都将我们推向了一种不可预知的未来。但无论我们如何踌躇，无论我们陷入何等的犹豫之中，我们终究要做出选择，因为时间并不会为我们所停留，当我们说现在的这一刻，就已经走向了未来。

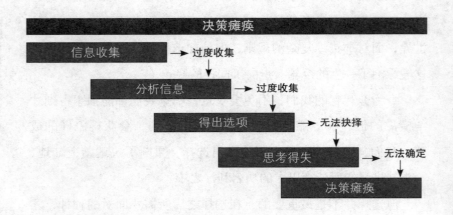

我们都懂得收集信息、分析信息与得出选项，但我们却无法在恰当的时刻做出选择。因为我们在内心深处不断地在思考着选择之后所影响的未来。我们无法确定这种选择会将我们引向更美好的未来，还是将我们推入深渊之中。

这种来自内心之中的踌躇与犹豫，使我们陷入决策瘫痪之中，使我们哪怕能够筛选出最好的选择，也很难下定决心做出选择。

### 1. 后见之明

我们为什么会受困于这种内心之中？为什么会在选择面前表现得踌躇与犹豫？要知道，孩童时期的我们可以毫不犹豫地将小拳头挥到大人的脸上；也可以毫不犹豫地拿起布满尘土的玩具塞入自己的嘴巴之中。那时的我们，为什么从不会陷入犹豫与踌躇之中？

因为那时的我们，尚不懂得不同选择所带来的不同后果。我们是在成长的过程中，在一次次的教训面前，习得了这种犹豫与踌躇。当我们懂得将自己的拳头和大人的愤怒联系到一起时，当我们懂得塞入嘴巴的玩具会使我们感到肚子痛后，我们才懂得选择会将我们引向不同的结果。

当我们具有将两种不同事物进行联系的能力时，我们便开始乐此不疲地去思考许多事物之间的关联。我们将自己的懈怠与自己的成绩进行联系；我们将自己的拮据与自己的挥霍进行联系……就是在这样的时刻，我们开始陷入一种思维的偏差之中。

我们去回想自己曾经的选择与行为时，往往会懊恼自己为什么没有选择另一条道路。我们悔恨自己为什么选择了这所学校？为什么选择了这家公司？因为另一所学校、另一家公司在如今看来，似乎更好，也更有发展前途。

我们总能找出自己过往选择的错误之处，然后陷入悔恨之中。毕竟在我们看来，如果当时选择了另一条道路，必然会获得更高的成就。我们开始过分谨慎地进行着新的选择，毕竟我们都不想再因为错误的选择，而感到懊恼。于是我们开始犹豫、踌躇，最终陷入决策瘫痪之中。

但这种来自生活的"教训"，不过是一种"后见之明偏差"罢了。因为现在我们所进行的选择，往往都是针对未来的选择。在未来真正到来之前，我们无法预知未来的模样。说到底，我们回望过去所产生的懊恼，其实并非懊恼我们过往的选择，而是懊恼我们当下的困顿罢了。

我们不过是在给自己找一个理由、一个借口：如果当时我们选择了另一条道路，那么必然不会落得现在这般境地。

### 2. 何必悔恨

那些我们所没有选择的道路，意味着我们的另一种未来。我们懊恼当下的困顿时，不免会去幻想着那另一种未来。

如果我们继续求学，获得更高的学历，必然会获得更好的人生。

如果我们没有选择这家公司，而是去了另一家公司，现在或许已经身居高层。

…………

幻想中的另一种未来，往往是那么美好。但那种美好并非因为它才是正确的选择，而仅仅是因为我们并未踏上那条道路。

我们并未踏上那条道路，不必品尝那条道路中的艰辛，经受那条道路上的磨炼与考验；我们并未踏上那条道路，不必面对那条道路上的獠牙，承受那条道路上的压力与崩溃。我们只需自由地幻想如果选择了那条道路所带来的结果，想象并感受着那种美好。

假如我们回到过去，做出了另一种选择，踏上了另一条道路，或许此时的我们已经在懊恼，自己为什么不选择原来的道路。

# 我们为什么如此热衷于"八卦"

大多数人都在过着平淡的人生，从未体会过如影视剧中一般的波澜起伏，也不具备男女主角的雄心壮志。普通人的生活往往是平稳的，虽然不会获得戏剧化的逆袭，但也不致坠入莫名的危机之中。

我们，大多是普通的人，过着平淡的生活，在"社会时钟"的催促下，一步步迈向自己的人生阶段。我们从平淡的生活中寻得喜怒哀乐，品味苦辣酸甜，但仍不可避免地会向往着那种五彩斑斓的生活，总是希望能为自己平淡的生活增添几分趣味。

为平淡的生活增添几分趣味，可以说是一件充满风险的事情。趣味的背后往往意味着不可预知的风险。身为普通人的我们，向来对这种风险是敬而远之的。人类很聪明，不仅善于制造需求，更善于解决需求。当我们有了想为平淡生活增加几分趣味的需求后，我们很快便找到了一种安全的方式来满足我们的需求。

在背后谈论他人的"八卦"，简直是最为符合我们需求的方式。我们可以将他人生活中所经历的喜悲，所承受的煎熬与伤痛，乐此不疲地与他人分享，并一点点地转化为我们所需要的趣味。

只是我们有没有想过：虽然我们收获了趣味，但在这个过程中，是谁在为我们支付着代价？

在心理学中的许多理论与效应，往往是出于对人们现存行为的抽象、归纳与总结。一些备受追捧的观点，其实早已隐藏于人群之中，只待人发掘罢了。随着社交媒体的兴起，传播学在近些年备受瞩目。传播学中的许多观点，也如心理学一般，来自人群之中。

在背后谈论他人"八卦"，可以说是遍布于社会人际沟通中的各个角落。我们都曾参与过这种"活动"，必然也从中收获过趣味。毕竟"八卦"有着很强的传播能力与传播强度，如果我们以如今的眼光来看待"八卦"这一行为，会发现它完全契合传播学中的信息传递六要素：社交货币、诱导、情绪、公共性、故事性、实用性。

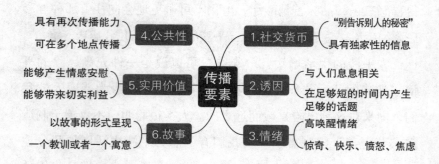

我们人类天生便具有窥探欲。我们希望能获得他人隐私的独家消息，这不仅可以增进我们对他人的理解，还可以使我们在群体交流之间有着足够的话题。这种符合信息传递要素的"八卦"信息，往往可以使我们收获足够的听众。更为重要的是，我们只需要将这些信息稍加处理，便可以使其为我们所用，帮助我们达成一些并不光彩的目标。正如，我们可以散播同事的"抠门"，使他的人际关系受损；我们可以散播朋友如今悲惨的生活，从而使我们产生无比的优越感。

我们喜欢这种几句话便可以对他人进行打击、使我们产生优越感的行为，这似乎使我们平淡的人生中多了几丝"操控"他人的趣味。在这种趣味之中，我们不可避免地开始更为主动地探寻他人生活，在打听、追问、揣摩中不断地获得更多的信息与话题。

但是，在我们享受着"操控"他人的趣味时，当我们游走于一个又一个的团体，尽情地诉说与嘲笑着他人的苦难时，我们本身也正在陷入一种危险的境地。但我们很难觉察到这一点，因为我们不具备第三人称的视角，所以无法看到别人津津有味的神情之下，隐藏着对我们不屑的嘲讽。

没错，他人正在嘲讽着分享"八卦"的我们，因为这种对他人悲惨生活的调侃，本就是一种毫无同理心的体现。任何一个正听得津津有味的人，在内心深处都不免产生一个疑问："他在背后，是不是也是这么说我的？"

当我们成为某一个"八卦"的分享者时，不如多想想，我们在扮演听众时，内心是否有闪过对"分享者"的不屑，内心是否担忧过，对方是否也在背后如此议论着我们？

答案是肯定的。

我们都知道，背后议论他人"八卦"是一件并不光彩的事情。我们也都知道，身为"八卦"的分享者，必然会遭受他人的不屑与鄙夷。但我们仍然可以看到，在社会的各个角落之中，仍然充斥着对他人"八卦"议论纷纷的景象，似乎这神奇的"八卦"有着一种魔力，使人们对它有些欲罢不能。

正如我们所说的，"八卦"中主角所经历的悲苦，可以使我们产生优越感。但仅仅是优越感，尚不足以使我们陷入对"八卦"的探寻之中。毕竟哪怕我们没有听到那些"八卦"，也可以从生活中的其他地方，获取到优越感。

在脑洞电影《你眼中的世界》中，男主角由于听信了其他人捕风捉影的"八卦"，从而认为他的妻子对他"不忠"。因此，男主角在愤怒之中，与妻子产生了剧烈的冲突，最终使两人的感情陷入无法挽回的地步。

我们为什么会沉迷于"八卦"？在很大程度上是因为，"八卦"是一种非正式的消息渠道。我们可以从"八卦"中，解读出种种我们所需要的消息。而对这些消息的忽略，很可能使我们的决策产生偏差。

正如，我们在职场中总是希望参与到关于他人升职真相的"八卦"之中。当我们得知对方的升职所依靠的是亲戚关系时，自然也就收获了一份心理安慰；当我们得知对方升职靠的是沟通能力时，我们也就找到了关乎升职的诀窍。

"八卦"作为一种非正式的消息渠道，似乎总能让我们从中收获许多关于他人、关于工作的"秘密"，使我们对他人与工作有着更为清晰的洞察，从而让我们对未来的决策，有着更高的正确性。

但可惜的是，正如电影中的男主角所犯下的错误一般，如果以"八卦"作为消息渠道，则必然会陷入误区之中。因为"八卦"在传播的过程中，为了增加它的传播性，人们往往会捕风捉影地为其添加许多的戏剧色彩，使其往往表现得夸大与扭曲，与事物的原貌产生巨大的偏差。

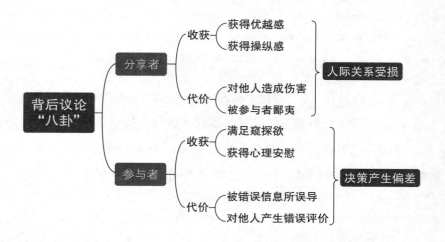

我们都知道，分享"八卦"，会让他人感到不屑与鄙夷；采信"八卦"，则必然会陷入误区之中。但我们却似乎很难远离"八卦"

背后议论他人"八卦"，不仅会使我们伤害到"八卦"中的主角，更容易使我们陷入误区之中。善良的我们，必然在人生中的某一刻，痛下过决心，绝不会分享与参与到"八卦"之中。但身为个体的我们，似乎总是无法对抗社会中所广泛存在的现象。虽然我们可以克制自己不去成为"八卦"的分享者，但当他人在餐桌上主动谈论"八卦"时，我们并不能捂紧自己的耳朵，将声音屏蔽在外。相反，我们有时还不得不表现出一副洗耳恭听的模样，毕竟虽然"八卦"会伤害到别人，但对于分享者来说，分享"八卦"，本身就是在活跃气氛的同时，向我们表达一种友好。因此，无法捂紧耳朵的我们，不得不找出一种正确应对"八卦"的方法。毕竟我们既不想成为"八卦"的分享者，也不想受到"八卦"的影响去取笑他人，抑或陷入误区之中。

### 1. 不躲避，不取笑

在工作交际当中，难免会碰到一些无聊的同事，喜欢聊家常，传"八卦"。这个时候，我们最好的应对办法便是：不躲避，不取笑，沉默，不参与。当对方感到无趣时，就不会继续谈论下去。谣言止于智者。在单位里面，千万不要成为谣言的传播者，也不要成为谣言的制造者。我们低头做好自己的本职工作才是上上之策。

### 2. 不分享，不评价

很多时候，虽然我们会出于善良，不希望自己成为"八卦"的分享者。但那些对优越感的渴求，那些希望通过分享"八卦"来获得友情的冲动，使我们仍然会在不自觉间，成为"八卦"的分享者。

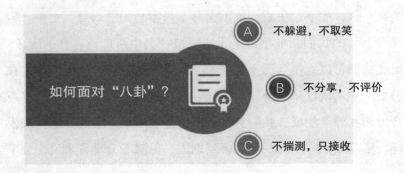

如何面对"八卦"？

A 不躲避，不取笑

B 不分享，不评价

C 不揣测，只接收

我们想要去约束自己的行为，真正能够依靠的并非决心。因为决心往往会停留在过去，无法在我们的每一个行为之中起到警示作用。但我们可以运用自己的善良，在每一次分享"八卦"的开端、中途与结尾，去认真地回想：自己的这种分享，会给他人带来多大的伤害？通过一次次的反思，我们的善良总归会推动我们，在分享开始之前，便浮现出对他人造成伤害的画面。

由此，我们可以压制自己成为"八卦"分享者的冲动。但我们仍然无法逃脱成为一名参与者，毕竟一个人在分享"八卦"前，并不会先行发邮件通知，因此我们常常是在无法预料的情况下，成为一名参与者，或者说是伤害别人的"帮凶"。

那么，当我们不可避免地成为一名"八卦"参与者时，我们唯一所能遵从的准则，便是不去评价其中的人与事，尽可能做一个默默的聆听者，并在尽可能短的时间中，结束这场对话。

### 3. 不揣测，只接收

虽然"八卦"中所裹挟的信息，往往表现得真假参半且扭曲变形，但如果我们能够还原"八卦"本身的面貌，它却可以帮助我们了解到一定的信息。当我们不主动地分享"八卦"，当我们在参与到"八卦"之中时能够做到不对其中的人与事进行评价时，我们便可以尝试分析"八卦"中所隐藏的信息。

"他之所以能够升职，是因为他的亲戚在公司任经理。"

我们在公司里，总能听到这种"八卦"。很多时候，这种"八卦"会对我们的进取心造成很大的打击。毕竟，如果公司的升职是依靠关系，那么自己的努力也就没有了价值。但如果我们仔细地考虑这则"八卦"，不免发现唯一能够确认的，便是他获得了升职。

或许我们知道他的亲戚在公司任经理，但他升职又是否依靠了亲戚，却是我们所无法确认的。这也正是"八卦"中最容易被扭曲与变形的部分。如果我们如他人一般对这则"八卦"进行揣测，出于自我服务的倾向，我们终究会认同这则"八卦"。可是令我们想不到的是，这条"八卦"的分享者，或许正是希望通过这条"八卦"来使我们放弃追求升职的机会，从而使他获得更多的升职可能。

因此，对于我们来说，在面对"八卦"时，最为保险的方式，便是不去揣测，只对已知且确定的事实进行接收。随着已知事实信息数量的增加与积累，我们总能在未来的某一天得知事物的全貌。

# "较真"的那一刻你已经输了

任何事物都是在不断的质疑中得到完善与发展的。一代代学者执着地探寻着真理，在呕心沥血中，带动着社会整体的发展。较真，也就成为许多学者所必须具有的品质，因为只有较真，才能让人拨开层层迷雾，找出事物的本质与真相。同样，以一种务实、求实的态度，与自我较真，自然也就能够真正地看清自己，使自己随时处于难得的清醒之中。

可在我们生活当中的为人处世的过程中，我们也可以称得上"较真"的人。只是我们似乎从不与自己较真，我们只会与别人较真。我们会因为一件小事与他人争得面红耳赤，也会因为一种观点而去不断地推敲。我们的目的，却并非如学者那般，为了得到事物的本质与真相。我们这种与他人之间观点碰撞所产生的"较真"，最终往往会由理性的交流演化为一种人身攻击。于是，观点、真相也就变得不再重要。重要的是，如何让对方低头、认错。

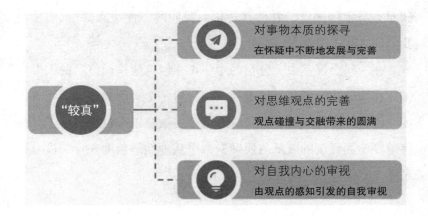

"较真"

对事物本质的探寻
在怀疑中不断地发展与完善

对思维观点的完善
观点碰撞与交融带来的圆满

对自我内心的审视
由观点的感知引发的自我审视

想要维持一段感情（包括爱情、亲情、友情），往往需要付出巨大的时间与精力成本。毕竟，每一个人所能维持的人际关系数量本就有限，我们不可避免会顾此失彼。因此，对于大多数人来说，都会无比地珍视与他人的感情。但是，这被我们所无比珍视的感情，往往会随着观点的碰撞，而被我们无情地摧毁。我们彼此对同一问题发表不同的看法是再正常不过的事情。如果在交流的过程中处理得当，我们的感情会升温；可是如果我们在交流的过程中发生了争执，并很快演化为一种胜负之分，我们都希望对方能够听从我们的观点，希望对方可以低头认错，那么，我们的感情还会那么坚不可摧吗？

我们很难遵守人际关系中的宽容原则，我们也无法在观点的碰撞过程中以理解、包容的心态去对待他人的观点与态度。我们努力地与人摆事实讲道理，我们刨根问底，我们喋喋不休，哪怕对方已经理屈词穷，毫无招架之力，只要他没有说出那句："我错了"，我们就决不罢休。我们当然有理由认为对方错了。因为我们总能从对方的话语中找到漏洞，并加以攻击；我们也总能找到对方身上的缺点，并使其转化为我们的一种"武器"，用来在我们词穷时攻击对方。

在一间会议室中，公司的中层正在讨论架构调整后的人事安排。在座的与会者都神情肃穆，因为每一个人都知道，即将有一场"硬仗"要打。每一个从待选名单中被拿出来讨论的员工，都将遭到不同程度的贬低与质疑，似乎从理性的角度来看，没有一名员工能胜任新的岗位。

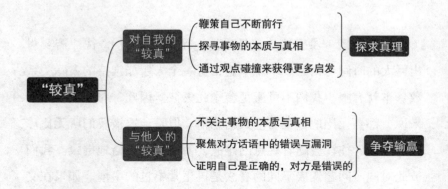

但与会的人都知道，这些对员工能力的质疑与贬低，其实无关员工到底能否胜任工作，而是出自对关键岗位的争夺与占位。如果我们以第三人称的视角去看待这场会议，不免会觉得与会者每一个人，都在出于对公司负责的态度，"较真"地谈论着人选。但身处会议中的每一个人都知道，自己的目的并非那么单纯。

我们与他人的谈论，我们对事物本身的看法，在经过观点的碰撞过后，很快便演化为一种胜负之分、输赢之争。我们总能找到契合我们言论的论据。但这些论据，又往往已经偏离了事物本身，只是为我们的输赢而服务罢了。

一个与他人"较真"的人，毫无疑问是难以相处，甚至称得上一个无法理喻的人。毕竟每当陷入争论之中时，我们的胜负心会使我们完全忘记感情为何物，这无疑会伤害到与亲人之间的感情。

因此，每当争吵结束，我们从那无比的愤怒中脱离出来之后，悔恨也就随之而来。但我们却总是抱着悔恨，踏入另一次悔恨之中。

英国哲学家伯特兰·罗素在《西方哲学史》中表明，研究一个哲学家的时候，正确的态度是既不尊崇也不蔑视。但在日常生活中，面对那些来自观点上碰撞，我们总是感到对方愚昧至极。没错，我们无法做到如伯特兰·罗素那般，带有一种假设的同情，去查找对方观点中的可信之处。我们只是蛮横地为对方戴上一顶愚昧的帽子，接下来，便是找出对方言语上的漏洞与过往行为中的缺点，目的是"赢得"这场争论。

许多时候，我们总能感到对方的愚昧之处，对方的发言似乎总有着无数的漏洞等待我们的攻击，但那并不是真的。没错，对方或许并不愚昧，对方的话语中也没有那无数的漏洞，我们之所以这么认为，只不过是因为我们之间的观点不同罢了。

比如，喜剧以夸张的手法与诙谐的台词，得到如今大部分人的喜爱，人们喜欢在下班后的闲暇时间，打开一部令人捧腹的喜剧，享受这难得的放松。但如果我们去衡量一部喜剧的好坏，那么往往就会产生许多观点上的碰撞。有人认为，喜剧哪怕是空洞无味，但只要有足够的笑料，能让人感到短暂的欢愉，便可以称得上成功；但有的人却认为，喜剧如果没有去抽象与讽刺现实，无法给予人现实的指导，便是彻头彻尾的失败。

观点的不同，带来对喜剧好坏衡量的标准不同，两种抱有不同观点的人群，都会认为对方的观点称得上是愚昧，从而引发强烈的争论。但愚昧与否，或许需要以真相去衡量。可惜社会中的许多事物并不存在真相与本质的概念，也就意味着两种观点的争论，永远无法停止。

显然，我们"较真"地与他人争论，既不是善意地希望将对方引入正确的观点之中，也不是对事物真相与本质的探寻。那么，让我们一次次面红耳赤，一次次因争论而损害到感情的真正原因是什么呢？

"较真"，是因为别人和我们不一样。我们之所以会感到愤怒，会认为对方愚昧，是因为观点不同，折射出一种令我们感到担忧的可能，那便是我们的观点是错误的。我们很难接受自己的观点是错误的，因为我们的每一个观点，本身都代表着我们对这个世界的理解与我们自身的思维能力。

我们担忧自己的观点是错误的，因为错误的观点意味着我们在过往进行相关决策时，很可能做出了许多无法挽回的错误决定。因此，我们不得不与对方争出输赢，分出高下，才能放下心来，不去面对过往错误决策所带来的可怕错误。

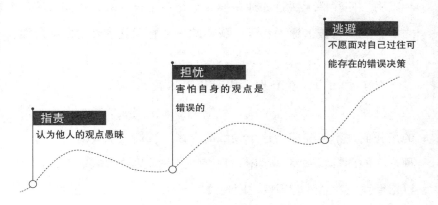

逃避
不愿面对自己过往可能存在的错误决策

担忧
害怕自身的观点是错误的

指责
认为他人的观点愚昧

所以，我们之所以"较真"，之所以为了"较真"而不惜牺牲感情，本质上是因为，我们不希望自己面对那过往有可能存在的错误。但我们之所以有这种担忧，不正是因为我们内心中隐约的不安吗？

所以说，"较真"的那一刻，你就已经输了。

他人与我们的观点有分歧，意味着我们的观点很可能存在错误，而观点的错误，则代表着我们过往很可能进行了许多错误的决策。但如果我们理性地看待这种观点分歧，不妨意识到，这种分歧本身便是一次机会，一次改正自己思维，防止自己在错误中继续前行的机会。

但想要理性客观地去看待观点，既不尊崇也不蔑视地去交流观点，对我们来说并非易事。因为每当我们面对观点的分歧与不同时，我们的胜负心也就油然而生，完全忘记了所谓的理性与客观。那么，我们该如何认知自我、认知理性与客观呢？

### 1. 觉知力：感觉

每当感性的我们想要强迫自己切换到理性模式时，总是有一种阻力，使我们无法自如地切换，总是在不自觉间，便陷入感性之中，无法自拔。原因在于，我们缺失从感性到理性阶段的过渡能力：觉知力。

对于觉知力，在心理学中有长篇累牍的解读，想要将其吃透、读懂，对大多数人来说，都是一种无法完成的挑战。但幸运的是我们并不需要成为这个领域的专家，我们只需要对其有着一种基本的理解，并将其运用到我们的某一种思维方式之中，便可以帮助我们在感性与理性之间过渡。

我们可以将觉知力看作两种能力的结合，一者为感觉能力，二者为认知能力。前者负责对事物进行感知，后者负责对事物进行处理。那么，我们如何去锻炼并掌握这种能力，并将其运用到阻止我们"较真"之中，其实有一种简单的方法。

我们只需要将自己即将脱口而出的话，进行一种简单的筛选，将其分为疑问句与陈述句，便可以粗略地感知到我们目前正处于感性阶段，还是处于理性阶段。

举例，同事认为公司应该尽快推出新产品，这样才能在市场中占据优势。

感性阶段：疑问句。

"你怎么知道推出新产品就可以占据优势？"
"你的意思是旧产品不够好？"

理性阶段：陈述句。

"我觉得，虽然推出新产品可以吸引更多顾客，但我们还需要考虑产品的质量与市场反馈。"

"我觉得我们还需要考虑研发和生产能力。如果我们在短时间推出太多新产品，可能会给我们的研发与生产带来压力。"

大家来看看，当我们处于感性阶段时，往往使用疑问句来进行回应；而当我们处于理性阶段时，则往往采用陈述句作为回应。我们通过对自己的话语进行简单的筛选，便可以清晰地认识到自己是处于感性阶段还是理性阶段。

如果我们是处于感性阶段，那么我们大可以闭口不言，并利用这段时间，来进行一次关于自我的思维优化。

2. 觉知力：认知

如果说，在"较真"时能感觉到自己正处于感性阶段，已经称得上是一种进步的话，那么如果我们更进一步，去对自身的思维进行认知，则可以收获更多的"财富"。

当我们觉察到自己处于感性阶段时，可以通过对自己即将脱口而出的感性话语进行分析，从而得出我们内心真实的冲动与需求。

"你怎么知道推出新产品就可以占据优势？"

认知：我是否在攻击他？我为什么要攻击他，是因为他比我出色，还是其他原因？

"你的意思是旧产品不够好？"

认知：我为什么要说这句话？是因为我曾参与到旧产品之中，并担忧对方不认同我的产品吗，还是我希望用这句话，给他树立"敌人"？

当我们能够对自己的感性话语进行分析时，当我们可以客观地看待自身话语背后的思维过程时，我们也就进入了理性阶段。而在理性阶段之中，我们往往可以收获许多我们未曾收获过的"财富"。

到此时，我们仍在"较真"。但这种"较真"，已不再是为了与他人分个高下输赢，而是为了探寻关乎自我的真相与本质。

## 别让"社会时钟"打乱你的节奏

我们如何才能知道自己处于一条正确的道路之中？我们又该如何确定，自己的发展进程并没有落后于他人？我们似乎只能通过与他人进行对比，才能得出这个问题的答案。但对比是一件痛苦的事情。与他人所进行的比较往往是自寻烦恼。毕竟我们总能从他人身上，看到那些我们所求之不得的特质或物质条件。

我们需要一种更为温和的方法，一种能够帮助我们认清自己道路、认清自己发展进程的方法，来帮助我们对自身进行清晰的定位。"社会时钟"也就应运而生。对于每一个生存在集体中的人类个体来说，虽然我们会在不同的年龄阶段有着不同的发展结果，但在社会中存在着一种获得普遍认同的社会节奏。这种社会节奏，在 1976 年被美国心理学家波尼斯·钮加藤定义为"社会时钟"。"社会时钟"将个体的人生，按文化期望与认可，以时间为基础划分为多个阶段。由此，个体在社会之中生活时，也就可以参照"社会时钟"所规定的时间阶段，来确定自己正处于哪个阶段之中，清晰地认识到自己的发展进程，并且懂得应该去遵守什么，应该去完成什么。

"社会时钟"，看似给了我们一种温和的比较方式，使我们不必在与他人的比较中煎熬。但实际上，"社会时钟"又何尝不是强加给我们一种生活节奏，逼迫我们按照这种节奏生活，在节奏的框架中，寻找那寥寥无几的快乐。我们虽然总是屈服于"社会时钟"之下，但总觉得时间好似饕餮一般，尽情地吞噬着我们的自由。

我们并不能说，"社会时钟"从出现的那一刻起便是邪恶的，它根本便没有存在的必要。相反，合理的"社会时钟"会约束文化的期望与认可，使其所规划的时间阶段具有高度的可实现性，也就得以成为个体的助力。

但可惜的是，即使是在不同的文化流域之中，"社会时钟"也总是表现出其不合理的一面。它或是设置了过多的时间阶段，或是根本不具备可实现性，甚至，许多"社会时钟"本身所规划的时间阶段，便是存在本质冲突的，其不仅无法为个体提供指导作用，反而会成为烦恼的主要来源。

没错，许多的"社会时钟"是自我冲突的。它可能在23岁时要求你结婚生子，而当你在孩子抚养问题的焦头烂额中迎来24岁生日时，它便要求你有一份收入很高的工作。当在24岁这个时间节点，以放弃休息时间换得一份高收入工作之后，它却转而要求你有足够的时间陪伴家人。

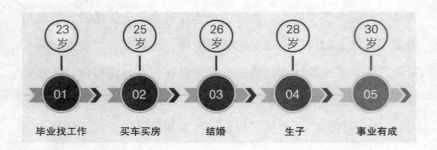

我们的许多烦恼，正是来自这种处于自我冲突、本身不具备可实现的"社会时钟"之中。但是如果说，仅仅是对"社会时钟"的依从，仅仅是努力地去追赶"社会时钟"的要求，尚不足以使我们感到煎熬，那么当"社会时钟"所期望的与我们自身所期望的产生冲突时，我们自然也就不得不陷入煎熬之中。

或许，我们并不想在23岁结婚；或许我们也并不想将自己年轻的生命浪费在无休止的工作之中；或者干脆说，我们并不反感23岁结婚，并不反感无休止的工作，我们真正反感的是，这种无法安排自己人生、不得不屈从于"社会时钟"期望之下的生活。

没错，在我们看来，我们的生活有着更多的选择。我们大可不必依从"社会时钟"的期望选择自己的生活方式，我们可以在不该笑的年纪大笑，在不该放纵的年纪肆意挥洒我们的梦想。我们总期望着自由，但"社会时钟"似乎总是束缚着我们的自由。我们想要挣脱这种束缚，却总是不得其法。

"社会时钟"为我们规划了人生每个阶段所需要完成与达到的条件，但这些条件却又往往是难以完成，甚至说是自我冲突的。如果说，社会时钟是受文化影响的集体期望，那么为什么这种期望似乎脱离了实际，在许多环节中，都不具备可实现性？

实际上，"社会时钟"本身便是非理性的，特别是在如今快速发展的时代，许多旧有的观念尚未消失，便被新兴的观念所取代。而群体的共识与期望，在形成的过程中，需要大量的时间进行磨合，因此，"社会时钟"很难紧紧跟随住这种快速的变化。

另外，"社会时钟"是出自集体的共识与期望，其所要求与描绘的场景、条件，本身便是难以完成的。因为只有难以完成，才能让个体得以运用它来进行比较，从而使自己清晰地明确自己的发展阶段与要求。正如，如果"社会时钟"将婚嫁年龄放宽至50岁，那么自然也就没有存在的意义了。

我们希望能获得主张自由的权利，但又时常要屈服于"社会时钟"的约束之下。我们之所以会屈服于它，根本原因在于，"社会时钟"本身也是一种用来规范我们行为的"工具"。由前人所总结的人生教训转化为对后来者的期待，哪怕这种期待已完全不适合当下的社会，但对这种期待的违背，仍然会遭到父母、老师等前人的打压。

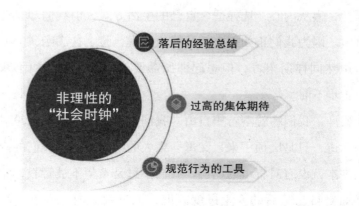

非理性的"社会时钟"

落后的经验总结

过高的集体期待

规范行为的工具

在《摔跤吧！爸爸》这部电影中，我们也能看到"社会时钟"所发挥的作用。对于身处印度的女性来说，从她出生那一刻起，便不得不与锅碗瓢盆为伍，待到 14 岁时，嫁到一位从未谋面的男性家中，在相夫教子的生活中度过余生。一代代印度女性就这样泯没着自己的生命。虽然许多人会依从这种固定的人生轨迹，但总归是有"清醒"的人，想要去挑战这种无法选择的生活。但"挑战"本身便是一种从集体中得以脱离的行为，那么自然也就不免要遭到来自他人的"打压"。

于是我们可以看到，当剧中练习摔跤的女主角在摔跤场中摔倒时，迎来的并非他人的同情与敬佩，而是嘲笑与不屑。在他人看来，违背"社会时钟"的她，本身就是一个"异类"，每个人都会竭尽全力地嘲笑她、诋毁她。

虽然挑战"社会时钟"是许多人根植于内心的期望，但大部分早已经过"社会时钟"洗礼的"前辈"都在由痛苦与挫折组成的代价面前止步。他们出于内心对过往的遗憾，自然也就不免要嘲笑这位与自己曾经一般不自量力的"愚痴者"。

我们希望自由，希望自己可以不必理会那些来自外界所强加的压力，遵从内心，选择适合自己的生活方式，但我们却无法获得自由。因为我们正如那在摔跤场边围观，脸上挂满嘲讽的人一样，虽然同样期望着，但想起那所需要支付的代价，便不寒而栗，止步不前。

或许，我们本就不希望自由，我们对自由的期望不过是对现状的逃避，只是厌烦了来自父母、亲人的唠叨罢了。我们的内心中或许本就没有对自由的期待，我们不过是希望不被管教，希望不必面对自己落后的人生进度。但，无论我们内心有着何种想法，我们都屈服于"社会时钟"之下。我们虽不希望体验这种煎熬，却又不知该如何摆脱。

### 1. 披沙拣金

我们总是在非此即彼中徘徊不已。我们或是完全地接受一种事物，或是完全地拒绝一种事物，因此我们才会时常感到烦恼。"社会时钟"在自我冲突与非理性的状态下，为我们的人生各个阶段提出要求。我们也因此对"社会时钟"感到不满。毕竟，哪怕我们再努力地追赶，也不可能完成那些难以实现的要求。

但这并不意味着，我们便要完全地拒绝"社会时钟"。毕竟，我们总需要有一种温和的渠道，来验证自己是否走在正确的道路上，是否有着足够出色的发展进程。我们何必完全拒绝"社会时钟"？在面对它那自我冲突、非理性的要求时，我们何不将其当作一项选择题，只去选择契合我们期望、对我们来说具有可实现性的要求呢？

没错，我们需要遵从自己的内心，去挑选"社会时钟"中所罗列的条件，将集体的期望与个人的期望相契合，按照自己的节奏去生活。我们何必要完成全部的要求？正如英国剧作家、诗人莎士比亚所说的："只要一息尚存，便努力地博取声誉，使时间的镰刀不能伤害我们。"

### 2. 找到自己

我们很难说循规蹈矩的生活与随心所欲的生活，哪种可以获得更多的成就。前者虽然平稳但进取不足；后者虽然进取有余，却无法享受到稳定安宁。如果我们在两种生活的选择中感到纠结不已，或者说我们总是无法做出自认为正确的选择，那么则意味着，我们唯一能选择的，便是平稳安宁的生活。

因为，对自由的追寻，或者说是对内心真实自我的洞察所衍生出对自由生活的追求，有着一种无法抗拒的引力。它会使我们在极短的时间中，果断地选择自己的生活方式。但不管选择什么样的人生道路，本身都是代价重重的。

我们无法想象，《摔跤吧！爸爸》中的女主角们，如果没有走出自己的道路，如果没有实现自己的目标，她们将迎来怎样的生活与结局。这或许本就是追求自由的魅力。它可以将我们引向美好的未来，也可能让我们坠入无底的深渊。只要我们在对自由生活追求的引力之下，总是愿意在支付不稳定背后所蕴含的种种代价之后，走上一条孤独却多彩的道路。或许，踏上追求自由道路上的人，正如美国第 16 任总统亚伯拉罕·林肯所说的那般：走得很慢，但绝不后退。

# 人生只有三件事

人生充满变数，我们当下所拥有的平稳与安定，很可能在下一刻，便被无情地打破。我们既无法确保现如今所拥有的能够一直存在，也需要面对来自世界之中他人对我们造成的影响。因而我们总要在人生中体验挣扎与煎熬。也难怪从哲学角度来讲，这世间就是"苦海"。

没错，我们的一生中要做出无数的抉择，面对那么多的变化与始料未及的危机，我们虽然很想以一种淡然的方式面对未来，但可惜的是，焦虑似乎已经成为我们的一部分，伴随着我们的呼吸一同起伏。

我们总处于焦虑之中。我们悔恨着过去，不满着现在，忧虑着未来。我们总是紧张且局促地呼吸，似乎从未享受过那难能可贵的宁静与祥和。但我们仍希望有一种方法，能够使我们从"苦海"中解脱。我们寄希望于他人、社会、哲学乃至神学，可我们就是不得其法。

或许，我们可以从一种简单的方法开始入门，在不断精进的过程中，逐步消磨自我内耗，使自己终究能在安闲自在之中，悠然自得。这个简单的方法便是，认清人生中的三件事，即"上天"的事、别人的事、自己的事。

## 1."上天"的事

所谓"上天"的事，便是那些我们从先天获得，来自我们命运之中，在我们踏入这个世间的那一刻起，便注定拥有与必须面对和经历的事物。

从我们出生伊始，我们的家庭、国度、社会便是已经注定的，我们将要面对怎样的教育、受怎样的文化影响，都是已经发生且无法选择的事情。这些事物或是带给我们积极的快乐，或是给予我们消极的痛苦。在面对这些事物时，我们唯一能做的便是选择接纳，因为我们无法去改变这些事物。诚然，我们可以在成年后远离家庭，可以去选择我们想要的生活，但我们并不可能重新选择自己的出身。这些事物必然会对我们产生影响，成为我们的一部分。

而这些"上天"注定的事物，成为许多人烦恼的源泉。正如电影《迦百农》一般，出生于黎巴嫩贫民窟的赞恩，从未享受过人世间的美好。从出生那一刻起，他便不得不在一个拥挤的房间中，与所有家人横七竖八地睡在地上。他的父亲不允许他去上学，毕竟比起那无法预测的未来收益，让孩子去小卖店里打工所换取到的切实收入，在他父亲看来更加安稳。

对于赞恩来说，从他出生的那一天起，这些"上天"所注定的事物，便给予了他一种令人难以忍受的人生。但正如我们所说的那样，我们无法重新选择自己的出身，我们只能在艰难地抵抗这种生活重负的同时，积极地摆脱这种原生家庭的影响，尽可能地走出一条属于自己的道路。

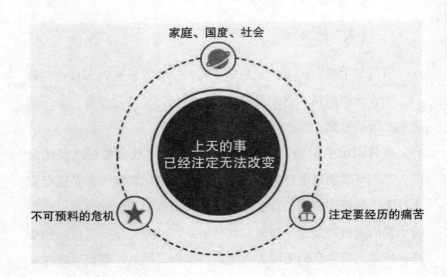

许多时候，我们的家庭也在对我们造成种种的影响。虽然这些影响并不如赞恩所遭遇的那般强烈与痛苦，但仍会使我们产生负面情绪。我们或是抱怨父母的管教太严，或是抱怨家庭的拮据，但所有的抱怨最终指向同一个问题：我们认为，我们当下许多困扰的根源是家庭与父母。

在这里，我们不去议论这种想法到底是否合乎逻辑。我们可以假定我们的观点是成立且事实存在的。那么我们该怎么办？我们可以无休止地抱怨吗？可以将自己所遭遇的一切不顺怪罪给家庭与父母吗？即使是报怨与怪罪父母，我们又能改变什么吗？

正如《迦百农》中的赞恩一般，他或许可以躺在贫民窟拥挤的房间中，不断地责怪父母与家庭，但那并不会改变什么。这些抱怨只会随着屋内污浊的空气一同消散，不留下一丝的痕迹。

我们永远无法改变那些"上天"注定的事情，因为那是已经注定且发生的事情。我们唯一能做的，便是感叹一声命运，接着便将那些抱怨、不满与愤恨，一并留在过去。不去逃避它，不去改变它，只是让它成为我们过去的一部分。

## 2. 别人的事

人类之所以能够成为食物链顶端的生物，有人将其归因为人类学会了直立行走，从而使得双手能够使用工具；还有人将其归因为人类懂得使用火焰来烹制原材料，从而使得人类有着更为丰富与安全的食物。但对于大多数人来说，提起人类的发展关键进程，总是免不了提及人类有着更高的智力。确实，人类有着更高的智力，也喜欢运用这种智力。如果我们聚焦于当下的话题之中，我们可以说，人类懂得解决问题。没错，我们喜欢解决问题，将那些横亘于我们人生道路之中的问题一一解决，便意味着我们步入了人生的坦途。

因此，当我们观看《迦百农》时，总能贴心地为主角找到种种关乎人生的解决方法。我们恨不得可以教会他如何与父母沟通，如何获得更好的生活机会。但我们的那些想法与观点，不可能被真正地实施。我们那预想中得到解决的"问题"，也不过是自己的一种猜想罢了。说到底，我们并不是在感同身受地帮助他解决问题，我们只是汲取他的痛苦，来获得智力上的满足。

没错，对于《迦百农》中的赞恩来说，他不仅无法改变他家庭的拮据，他实际上什么都改变不了。他不可能让愚昧的父亲明白学习是一件多么重要的事情；他不可能阻止妹妹出嫁，更不可能挽回妹妹的死亡。但这并不是因为他的弱小与无助，哪怕他已经成年，已经有能力去与家庭抗衡，他也很难扭转家庭的观念，也不能够阻止妹妹的出嫁。

原因在于，那是别人的事。没错，他人如何看待世界，如何看待我们，他人以何种方式生存，在行为策略中有什么样的问题，都并非我们的事，而是别人的事。我们无法说服他人改变。正如美国作家弗格森说的那般，每个人都守着一扇只能从内部开启的门，无论是动之以情还是晓之以理，我们都无法替别人打开这扇门。

许多时候，我们无法通过话语，无法通过我们的努力，去改变别人根深蒂固的观念，改变他人对我们的看法与评价。我们无法像解决那些属于我们的问题一般，将他人的思维扭转，我们只能选择去接受与拒绝那些观念。

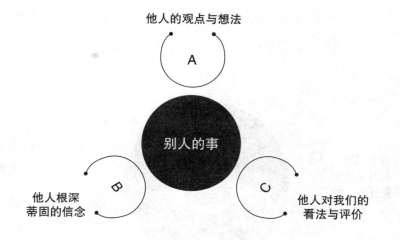

我们的许多烦恼，来自我们试图改变他人，试图将别人的事转化为自己的事。记住，这不过是一种妄想罢了。我们在面对那些来自他人的烦恼时，唯一能够选择的便是，在尊重他人想法的同时，拒绝接受那些观点所带来的烦恼。

### 3. 自己的事

我们无法改变"上天"的事，无法扭转别人的事，我们真正所能掌控、所能改变的，便只有那些关于我们自己的事。可以说，我们的许多烦恼，恰恰是来自我们对"自己的事"过于模糊，却对"上天"的事与别人的事过于关注。

在当下，人们似乎开始很回避自己的内心，甚至，人们并不希望观察自己。之所以会出现这种情景，其实也并不难以理解。清晰的自我是可怕的。当我们剥开自我层层的面纱，面对真实的自我时，不免会感到挫败与焦虑，毕竟当我们卸下那出自幻想的美好滤镜之后，真实的自我往往表现得懒惰、虚荣、功利且庸俗。

但，只有在面对真实的自我时，我们才能弄清什么是我们"自己的事"，我们只有面对它，才能跳出"苦海"，终得"彼岸"。

我是谁
面对真实且
残酷的自己

我能做什么
卸下那出自幻想的
美好滤镜

自己的事

我想成为什么
步步为营，规划自己的人生

（1）我是谁？

我是谁？这是一个很难回答的问题。但我们可以将其转化为一种更容易理解的问题。我们只需要考虑，我们拥有什么，我们拥有着怎样的物质条件、怎样的心理特质，便可以得出一个模糊且粗略的概念。

当我们有了这种模糊且粗略的概念之后，便可以在生活中去寻找那些关于我的事物，并从中逐渐地拼凑出清晰的自我。这则需要我们去面对真实的自我，找出我们内心潜在的活动。

面对工作上的挫折时，我们感到无力与愤怒。我们可以问一问自己以下几个问题：

·我为什么会无力与愤怒？

·我的无力是因为知道自己的能力不足吗？

·我为什么会能力不足，是因为我过往不够勤勉吗？

· 我是一个懒惰的人吗？

· 我为什么会感到愤怒？

· 我愤怒是因为想要将问题归咎于他人身上吗？

· 这些问题真的与他人有关吗？我是不是在推卸责任？

· 我为什么要推卸责任？难道我是一个喜欢逃避的人吗？

当我们在无数次地面对真实自我，找出隐藏于我们内心深处的心理特质后，我们便可以知道，我们到底能够做什么。

（2）我能够做什么？

我能够做什么？这也是一个许多人所逃避的话题。因为我们总是希望忽略这个问题，从而可以让自己去追求那些更加美好的事物。但那些超出我们能力的事物，最终所带给我们的注定是伤痛罢了。

我能够做什么？当我们认清自己到底是谁后，我们便可以知道自己真正能做的事情是什么，我们应该如何工作、应该如何消费、应该如何与他人相处。当我们懂得这点之后，也就不会执拗地去试图改变他人、试图改变过往，试图让那些不切实际的美好得以实现。

我们也就能够聚焦于"自己的事"，将那些由虚幻的美好事物所带来的痛苦一一化解。

（3）我想要成为什么？

当我们能够聚焦于"自己的事"，开始以一种认真的方式展开自己的人生之后，我们便需要考虑自己到底想要成为什么。我们希望在今年达到什么样的目标，在几年后成为什么样的人，一生中获得怎样的爱、怎样的成就。

当我们开始懂得如何步步为营地达成自己的人生时，我们也就不必迷茫，也就无须焦虑。我们的每一个行为、每一个观点，也就在切实地为我们提供着裨益。我们既不追求他人对我们的看法，也不追求那虚幻的美好，不去改变那无法改变、无力改变的事物，只是一步步地走向自己的人生目标。如此，我们在充实与收获之中，又谈何焦虑呢？

## 第四章

# 内化钝感，
# 做自己喜欢的样子

# 你正被"推荐算法"
## 所塑造

　　无论在生活中经历着怎样的烦恼，我们总能在挫折或是伤痛过后，恍然大悟一般获得片刻的安宁。我们总能在人生中的某一刻，感受到那巨大的充实感与满足感。但这些充实感与满足感，却并没有常驻我们的身体之中。相反，我们只能片刻地体会这种内心的安宁。很快，我们的心境便在社会的推动之下产生巨大的颠覆，再次陷入怅然若失与求而不得之中。

　　如今，通过光导纤维经由光调制解调器，信息得以以三亿米每秒的速度快速传输。人类的历史上，信息的传递从未有过如此宛若奇迹的速度。而信息传递速度的变革，毫无疑问也将为我们的生活带来巨变。

　　原先现实中面对面的交流，逐渐被线上的交流所取代。我们如今的沟通渠道与信息渠道，逐渐被网络所完全占据。如果说，原先我们是在与真实的他人进行互动，那么如今的我们，可以说是在网络中进行着虚拟的互动。原先我们需要主动地搜寻来获取信息，但如今我们似乎已经有了一种更为高效的方式，我们只需通过网络，便可以瞬间地湮没在信息的海洋之中。没错，我们原先主动地互动与主动地寻求信息，如今逐渐被转化为更为省力的被动接收。

如果说，我们人类个体的观点需要建立在外界的刺激之中，那么个体之间不同的经历与遭遇，也就使我们诞生了不同的观点。观点的不同，决定着我们生活方式的不同。正如有人对物质较为看重，那么他必然会将更多的时间消耗于工作之中；同样，有人对亲情比较看重，那么他自然也就会将更多的时间应用于陪伴之中。

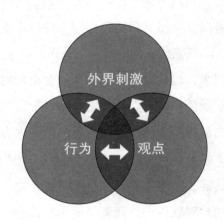

外界不同的刺激，会给予我们不同的观点。不同观点相互之间碰撞，则可以使我们意识到自己观点中的错误之处，从而得以修正我们错误的生活路径。但在如今，这种来自观点的碰撞，在依托于网络的虚拟互动过程中，显得愈加难能可贵。

社会中的舆论与观点在如今已不再是以正态分布的形式出现。我们如今每个人因对相同事物的观点不同可能会被划分成多个群体。这种多个群体之间的观点碰撞，本身来说是一件好事，但在推荐算法的加持下，虽然在面对同样事物时会有更多的观点群体，但群体之间已经很难再像曾经那般得以碰撞。

在这里我们有必要提出两个概念："信息茧房"与推荐算法。法国社会学奠基人阿历克西·德·托克维尔早在 19 世纪便以超前的眼光提出了"信息茧房"的概念。"信息茧房"是指人们的信息领域会习惯性地被自己的兴趣所引导，从而将自己的生活桎梏于像蚕茧一般的"茧房"中的现象。"信息茧房"与我们如今的推荐算法相似。推荐算法是根据我们所浏览的信息，抽象出我们的兴趣与观点，通过不断地向我们投喂相似的内容与观点，使我们犹如在回音壁中一般，只能任由同一种观点不断地回响，并在这种回响中，不断强化我们对观点的认可。

话题再转回来，也就是说，推荐算法会根据用户的特征绘制用户群像，为了使用户群像在软件之中获得更高的黏度，推荐算法会有意识地向群体、个体推荐他所感兴趣的内容，并尽可能地确保这些内容中的观点倾向性，是符合群体、个体偏好的。

因为只有这样，群体才能认为软件与自身之间存在高度的契合，从而延长用户对软件的信任度与使用时长。但这种通过推荐算法来对用户进行迎合的行为，却在无意中使用户陷入信息茧房之中。

如今的我们已很难主动地去获取信息，我们所得到的信息、产生的互动，大多与我们自身的观点相契合。可以说，我们如今正处于一个基于算法所进行信息投喂的时代。我们正如嗷嗷待哺的婴儿一般，不必去担忧食物（信息）的来源与安全性，我们只需张开口，便可以得到源源不断的信息。

许多人会认为，推荐算法是这个时代最伟大的发明，毕竟它为我们带来了近乎无限的消遣内容。在促使我们观点不断强化的过程中，似乎也使我们获得了更多的社会认同感。但可惜的是，推荐算法并不是一种去中心化的产物，推荐算法本身有着其所想要实现的目的。而我们之所以无法获得长久的宁静、之所以内心随时处于跌宕起伏之中，恰恰是因为，推荐算法在试图塑造着我们。

一套能够有效激起用户兴趣，并具备足够黏度的推荐算法，对一家企业来说，可以称得上是"秘密武器"般的存在。因为一种算法的成型与完善，不仅需要合理地建立协同过滤模型、有效特征筛选、原始特征与特征向量之间的网络联系等技术内容，还需要长时间对用户信息、内容、兴趣、观点的收集与分析。这显然是一件需要投入巨大时间、人力、资金的事情。

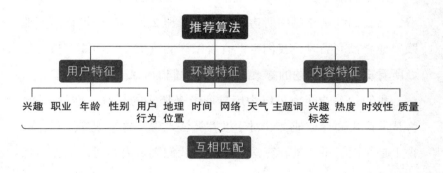

可以说，如今社会中许多的学者与精英，一直运用心理学、社会学等学术概念，来研究如何尽全力地吸引用户的注意力，如何让用户以沉迷的姿态使用软件。因此，我们可以看到许多类似于在软件中屏蔽现实时间显示、无限地下滑操作等方法，来使用户将一天中的大部分时间投入软件的使用之中。

推荐算法的出现并非为了打造一种伊甸园般的社会，更不是为了让个体能够在特定的圈层中获得无尽的满足与收获感。推荐算法本质不过是一种商业模型，其为个体提供的观点强化、所搭建的社会认同感，本身便是为软件盈利所服务的。

但我们可以看到，哪怕是一家企业有着再为出色的推荐算法，它的商业模式却往往是免费的。用户可以尽情地，并且在没有广告侵扰的情况下，近乎无限制地享受推荐算法所带来的一切。

纪录片《监视资本主义：智能陷阱》，用 90 多分钟的时间向我们灌输着一种可怕的道理。如果我们没有花钱来购买产品，那么我们便是等待售卖的产品。没错，我们便是等待售卖的产品，软件之所以要去契合我们的观点与兴趣，本质是为了收集长时间、高黏度的流量。这些流量，则是广告商所看重的商业契机。

没错，我们并没有为产品付费，因为是广告商在为产品付费，而我们则是产品中所售卖的商品。那么，当我们把自己"低贱"地看作商品时，我们身上有着怎样的价值，从而能够被广告商所看重？这个问题的答案，自然是我们的消费能力。

我们的消费能力可以为广告商带来切实的利益。推荐算法，将帮助广告商促成成交。对于推荐算法来说，这一成交过程，称得上是轻而易举。推荐算法只需要在我们浏览内容时，悄无声息地为我们埋下"痛点"，并在后续的内容推荐中不断地强化它。直到时机成熟时，能够满足我们"痛点"的广告便"及时"地呈现在我们面前。

一条牙齿健康重要性的内容，或许并不足以引起我们的注意，但很快便会出现一条牙齿不够健康所导致苦果的内容，终究会引起我们的一丝兴趣。推荐算法不断地在我们所喜欢的内容中，穿插这些辅助与广告商的内容。在一次次地强调重要性、好处、恶果的循环过程中，我们终究会看到那条来自广告商的广告内容。我们便飞快地点击、下单、付款。我们陷入推荐算法之中，内心或许还在感叹着："需要什么，来什么！"

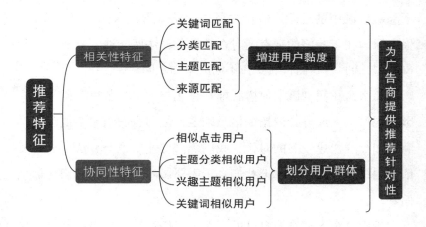

推荐算法本身不具备道德感。它所给我们推荐的内容，一部分是为了延长我们的使用时间，一部分是为了帮助广告商进行成交。在这个过程中，我们不免会接触许许多多的信息。这些信息，恰恰是造成我们困扰的根源。

我们或许在这一刻内心处于宁静之中，但很快，我们便可以看到那些为了售卖"课程"而特意打造的、令人焦虑的内容。我们或许在这一刻有着巨大的满足感，但为了售卖那些"奢侈品"，我们眼前便浮现出那些更为光鲜亮丽的生活。

我们是观点的产物。我们的每一个行为表现的背后都有着不同的观点与信念作为支撑。那么，当我们在推荐算法的作用下，服从着推荐算法所希望我们接受与改变的观点时，我们又如何能够处于宁静之中？

我是谁？或许，我不是我，而是由推荐算法所塑造的无数用户模型之一。

免费的，才是最贵的。这是如今许多人都能意识到的道理，但在面对那"免费的午餐"时，我们似乎只顾大快朵颐，而忽略了隐藏于其中的危险。我们之所以无法获得长久的宁静与满足，根本原因在于我们的观点随时在被推荐算法所塑造。当我们已不再是"我们"，我们自然要在不同的事物之间迷路。

那么，我们又该如何摆脱推荐算法与"信息茧房"所带来的影响呢？有人或许会说拓宽信息渠道，但旧有的信息渠道已很难满足如今这快速发展的时代，我们仍需要使用推荐算法，仍需要依托网络来生活。实际上我们真正需要做的，是扭转我们的信息偏好。

我们每个人都有着自己的兴趣，我们的观点本身也在受外界刺激而不断产生变化。对于推荐算法来说，它会尝试性地为我们加入杂波，测试我们的兴趣与观点是否产生了变化，从而更好地对我们进行信息投喂。

在获取信息时，我们总会有着一种难以言说的志得意满。这正是回音壁强化了我们自身观点所导致的。我们认为自身观点是正确的，认为其他观点是"愚昧"的。这种对与错的认定，本身便是推荐算法为我们所塑造的。

我们对信息有着偏好，那些与我们的观点相悖的内容快速地被我们所忽略。每忽略一次，便加重一次"信息茧房"对我们所造成的影响，使我们进一步地作茧自缚起来。因此，我们需要在习惯性地将相悖观点划走的那一刻，意识到这种行为的真正影响，并主动地参与到与相悖观点的思维碰撞之中。

将信息偏好补全，使推荐算法不仅会为我们推荐相同观点，也会向我们推荐相悖观点。此时我们便由被动的信息接收，转化为主动的信息获取，自然不必担忧来自推荐算法的塑造。

钝感力，便是打破信息的谜巢，不再随波逐流，由自己塑造自我。

# 原来人生中的不完美，
# 才是最美

"米洛斯的维纳斯"虽然以断臂的形象存在于我们的脑海之中，但我们仍无法否认它高贵典雅的曲线与其所传递出的近乎理想的美丽。作为普通人，我们总是与艺术存在着一种疏离感，虽然我们无法否认"米洛斯的维纳斯"所传递出的美感，可想要让我们从那断臂之中，品味出生命之梦所带来的无限可能，亦是一件难事。

没错，艺术可以丰富我们的审美，甚至可以给予我们对人生与世界的感悟，但或许是受困于我们自身的肉体凡胎，艺术所带来的许多感动与感悟，往往是短暂地存在于我们的心灵之中。所以，我们无法理解那残缺的美。我们更希望看到古希腊雕刻家阿历山德罗所创造出的原本模样。我们希望看到维纳斯完整无缺时，手握苹果的形态。因为这在我们看来，才足够完美。

没错，只有完美，才能体现出人类对于宇宙和自然无序的反抗；也只有完美，才值得我们去追求。

我们贪婪且极端地追求着完美，在这个过程中，我们却不断地破碎。

我们在追求着完美，但我们却很难对完美进行一种客观的定义。毕竟希腊神话中赫菲斯托斯用黏土制作出的第一个女人，那称得上完美的潘多拉，并不存在于现实世界之中。完美并非客观存在，而是根据我们每个人的要求、思想而主观存在。

这便意味着，完美的定义出自我们的主观想法。而我们的主观想法却在不断地变化。因此，虽然说我们在追求着完美，但这种完美并非一种具体的事物。它更像是逻辑学中所说的"质料"，出自我们的感性杂多，它变化无常且捉摸不定。

我们很难去定义与捕捉完美，但我们仍有办法去追求完美。我们可以强制性地要求自己的行为大部分符合完美的要求。虽然我们无法准确描述出完美，但我们可以规避那些失误、漏洞与瑕疵，如此便可从另一种角度使我们步入完美的殿堂之中。

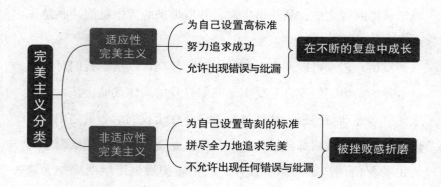

但追求完美的过程往往是痛苦的。毕竟我们并没有明朝大儒王阳明那般的"至诚之道"，自然也就无法做到"可以前知"。许多时候，哪怕我们认为自己做到了完全的准备，但当我们真正去执行时，却遭遇了无法预料的危机与纰漏。

如果说，我们对完美的追求，是美国心理学家布琳·布朗所描述的那种适用性完美主义，那么我们尚可以容忍错误与纰漏的发生，并且将其当作我们进步的阶梯。但敏感的我们往往处于非适用性完美主义之中。那些错误与纰漏对我们来说不是进步的阶梯，而是令我们难以忍受的挫败。

我们正如《黑天鹅》中，那追求着完美的舞者妮娜一般，每天在镜子前一遍遍地练习着舞蹈的动作，拼尽全力地做到完美。我们可以容忍脚趾的撕裂，可以容忍膝盖的酸痛，但我们不能容忍自己的舞姿出现任何的错误。

甚至，哪怕我们真的能够如《黑天鹅》中的妮娜一般，完美地演绎出白天鹅的柔媚娴雅，但仍不能称得上完美。于是我们转而迫使自己去演绎黑天鹅的奔放撩人。可这两种冲突性的特质，又如何能在一个人的身上得到完美的呈现呢？

幸运的是，我们并未如妮娜那般，在一次次失败过后近乎绝望地将自己推入绝地，落得凄惨的下场；不幸的是，在我们追求完美的过程中，经历挫折过后，我们便开始止步不前。

我们不会如妮娜那般在镜子前近乎疯魔地练习，我们只会不断地在脑海中盘算、考量、思索，然后待在原地，一动不动。我们不敢行动，因为我们的方案似乎不够完美，我们的盘算似乎仍有纰漏。

我们告诉自己，如果无法做到完美，又何必要去行动呢？我们还告诉自己，这一切的筹备都是值得的。那些猜疑的声音，总会被我们以完美的方式进行戏剧化的扭转。

但是，那一天真的会来吗？

那些猜疑，并不会阻止我们对完美的追求，更不会让我们踏出行动的步伐，哪怕我们能够意识到自己所谓的筹备不过是一种无用功，但我们总能为自己找到一个理由，来使自己继续地沉溺其中。

每当我们遭遇外界的质疑，感受那来自心底的对自我行为的怀疑时，我们总会幻想出未来当我们以完美的姿态获得成功、取得成果之后，那些震惊的眼神，那些我们所梦寐以求的荣誉，都将在极短的时间内到来。因此我们愿意为这种将来的戏剧化逆转付出代价。

我们永远无法达到完美。那些成功与成果不过是我们幻想出来的美好，不过是为我们提供了一种借口，使我们可以心安理得地继续拖延下去。其实，我们并非为了追求完美而去拖延行动，我们不过是不希望面对如曾经那般遭遇过的挫折，我们不愿面对那些痛楚。因此我们便以追求完美的借口来拖延行动。毕竟，如果我们不去行动，自然也就谈不上失败：如果我们不去追求，也就谈不上失望。

过往我们所遭受的挫折与伤痛，出现的错误与纰漏，在我们看来是由于我们的行为不够完美，由于我们没有尽可能地考虑到足够多的信息所造成的恶果。我们不愿再去体验那种煎熬，因此我们便寄希望于完美来使我们能够以一种"不败"的姿态，面对这世间的种种挫折与伤痛。

但是，这世间的任何人，都不具备"可以前知"的能力。我们不可能确保自己的所有行为都是毫无纰漏的。正如美国著名社会心理学家亚伯拉罕·马斯洛所说的那般，人生本来就充满缺憾，完美并不存在于现实生活之中。

我们不愿行动，担忧失败，恐惧不完美，根本原因在于，我们无法抓住事物的重点，因此我们只能拼尽全力地在每一个细枝末节中钻研，付出无数的时间去思考那些并不具备价值的细节，仅仅是为了让我们得到心理上的安慰。

我们许多人抓不住事物的重点。我们想要取得成果，却不知该如何取得成果。我们总是无法将精力投入到最为重要的事情之中，因此我们总是假借追求完美之名，在犹豫不决中做着毫无意义的准备。

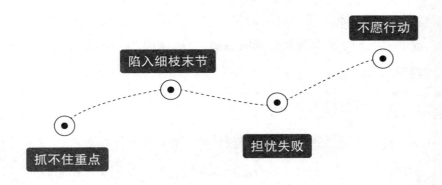

我们之所以无法抓住重点，正是来自我们对结果的过度追寻。我们希望事情有着完美的结果，希望获得百分之百的成功，希望拥有自己想要的一切，但我们却没有发现，当下尚不完美的我们，已经被他人所崇拜与羡慕。

我们可以将完美主义看作一种预期管理的方式。我们可以运用对完美的追求，来提高我们的行动力，使我们能够更加主动地参与到自我提升之中。但许多时候，我们却被完美主义所操控，在非适应性完美主义之中，过度注重结果，从而丧失了决策能力，不断担忧着可能出现的纰漏，用尽全力地去思考着那些并无价值的细枝末节。

我们似乎有些过于注重结果。这或许是我们在求学时期所种下的心锚。毕竟哪怕我们每晚挑灯夜读，哪怕我们以头悬梁锥刺股之势努力地将知识烙刻到自己的脑海之中，我们也无法确保自己能够交出一份满意的答卷。

如果我们无法交出一份满意的答卷，那么我们所有的辛苦与努力，也就丧失了价值，因为这意味着我们不仅无法获得赞许，反而会收到来自父母与老师的责难。我们努力的过程，我们所付出的一切，不会引起丝毫的关注，在顷刻间便会付诸东流。但是，从我们走出象牙塔的那一刻起，我们便无须再对结果有着如此执着的追求。

### 1. 享受过程

成年人的世界总是在不停地追逐。我们为自己设立目标，然后付出千百般的努力，尽可能地去实现它们。我们总能畅想着目标实现后的种种快乐，但当我们真的实现目标的那一刻，我们唯一所能感受到的，却是满满的空虚。

我们总是在不停地追逐着一个又一个目标。每一个目标的实现，并不能使我们停下脚步。我们好似在不停地被追赶着一般，在尚没有感受到目标完成后的快乐时，便已然踏上了寻求另一个目标实现的道路。

没错，我们仍如在象牙塔中生活那般，在不断地追求着一个又一个的成果，却从来不肯享受成果所带来的美好。我们拼尽全力地奔跑着，模糊了周边的景色，生怕一个短暂的停歇、一次简单的享受，便会使我们落于人后。

但随着我们一个又一个目标的实现，我们终究会感受到空虚。我们不顾一切地努力，最终似乎没有换来任何东西。我们总是敏感且机警地看向周围，看向身后，从来没有享受到成功的喜悦，自然也就再也没有了前进的动力。

当我们逐渐年长，当我们回想起曾经的快乐时，浮现出的画面往往是追逐的过程，而不是得到的成果。我们应该享受过程，享受在追逐目标时，那些人、那些事，那些挥洒的汗水与滚烫的热血。这些，才是我们回忆中最为美好的东西。

### 2.追求卓越

我们敏感且机警地追求着结果与完美，但我们却逐渐感觉到了无尽的空虚，似乎我们在不断地错过着什么。当我们实现了一个又一个目标，迈过了人生一个又一个关隘过后，我们的回忆却近乎是空白的。我们在全力奔跑的过程中，模糊了过程，错过了一个又一个值得我们记忆的人，一件又一件值得我们记忆的事。

我们需要将对完美的追求，转化为对卓越的追求。我们并不需要追求苛刻的完美，我们只需要追求可能的卓越。我们只需要确保自己正在成长，确保自己的人生并没有荒废，将"不够好"，转变为"还不坏"。

由此，我们便可以慢下来，以缓慢却坚定的步伐，在追求着目标的同时，欣赏到沿途的美景。

接受不完美，让人生"慢下来"，便是钝感力。

# 成年人的痛苦在于不会翻篇儿

我们虽无法去证实或证伪造物主的存在，但如果我们如神话故事中那般，假设造物主是存在的，那么当"全知全能"的造物主给予我们有限的大脑，使我们具有"遗忘"的能力，必然不是来自他的"诅咒"，而是出于他最为善意的温柔。

遗忘，使我们可以将那些细小的伤痛隐入时间之中，也可以抚平我们内心刻骨铭心的褶皱。但固执的人类总希望能够自己掌握一切，因此，我们总是固执地抵抗着这来自遗忘的温柔。

"不能忘记。"我们一边在心中默念，一边咀嚼着过往的回忆，将其牢牢地刻印在自己深处，接着便一头扎入那无休止的煎熬之中。

我们不想遗忘，哪怕那些过往的记忆在每次回想之时，都会带给我们心如刀割的痛苦，哪怕我们的内心知道，理应让时间带走这些痛苦的回忆，但我们仍然固执地抵抗着遗忘的力量。

与其说我们不想遗忘那些令我们感到痛苦的事，不如说我们不想遗忘回忆中的那些人。即使是这些人与那些事一般，在给我们带来着伤痛。但伤痛并非来自虚空之中，那些伤痛本就是由快乐与美好转化而来。我们回忆那些失恋、失意的时刻，并非主动地去寻求痛苦，而是去翻找记忆中发生在痛苦之前的快乐与美好。只是当画面一幅幅地流转，伤痛总会赫然地出现在最后。

我们人类有着"未竟事件情结"。对于那些过往曾带给我们快乐与美好的人，我们总希望能与其长久相守，我们希望重新体会恋人手心的温度，体会友情所带来的安慰。但可惜的是，我们尚未从那些情感之中得到充分的满足，便在因缘和合之下，与他们走散在人潮之中。

原本亲密无间的爱人，原本莫逆之交的朋友，或是逐渐地杳无音信，或是在一次激烈的争吵过后分道扬镳。这自然是令我们遗憾的未竟事件。我们哪怕身处痛苦之中，哪怕被回忆中惨烈的场景伤害得遍体鳞伤，也不愿停止回忆。甚至，哪怕是我们能够重新回到过去，在明知结局是惨痛的情况下，仍然会义无反顾地做出如曾经一般的选择。

| 01 | 02 | 03 | 04 |
|---|---|---|---|
| 对发展抱有期待 | 发展中途被打断 | 未获得足够的情感满足 | 在不断的回忆中加深遗憾 |

正如电影《重返17岁》中的迈克一般，为了爱情而毅然决然放弃成为球星的他，在步入中年后，却遭到了爱人的嫌弃与孩子的疏远。虽然他也曾尝试改变自己拮据的生活，但过往的引力似乎在牵引着他，使他一直在不停地原地踏步。中年的他，已然是看清了爱情的虚假。因此在无数个夜晚之中，他都在祈求着上

天给他一次重新开始的机会。他迫切地需要一个机会，重新选择他的人生。

电影总是善于满足幻想。男主角迈克迎来了重新选择一次的机会。当他以中年的心灵催动着 17 岁的身躯时，他终于迎来了自己梦寐以求的崭新人生。而当他重回自己 17 岁的身躯后，再次面对这段感情时，相信他将会做出截然不同的选择。

但当他以 17 岁的年龄，再次与曾经的爱人、家人接触，当他真正地敞开心扉以一种毫无保留的方式去理解与聆听过后，他终究还是做出了如曾经那般的选择。当球探将目光紧紧地锁定在他的身上时，他再一次将手中的球扔下，奔向了自己的爱人。但谁又能知道，在时间裹挟的无数磨炼之中，这一次的他到底能否改写结局呢？

"未竟事件情结"让我们都希望能够回到过去，将那未得到充分满足的情感填满，以一种扭转乾坤的方式，改变结局。但我们并非如"楚门"一般活在电影的世界之中。我们不可能回到过去，也就无法改变那已经失去的情感，挽回不了那已经走散的故人。

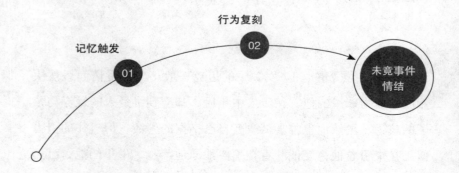

虽然我们知晓结局，但当我们回到过去，竭尽全力挽回这一段感情时，结果往往也会令我们大失所望。毕竟，我们与他人的分别与走散，本就来自我们双方的想法与追求不同。因此哪怕是重新开始，我们仍要面临那些分歧与冲突。这来自世界观摩擦所产生的根本性裂痕，终究会让我们走向如曾经一般的结局。

我们一次次地回忆，一次次地品尝美好与痛苦，一次次地将这些画面牢牢地烙印在脑海之中。我们告诉自己应该与过往翻篇儿，但仍然沉浸在过往之中，其实只是因为我们想要填满自身所缺失的空白。

我们并非不会翻篇儿，而是不愿翻篇儿！

那亲密无间的爱人、莫逆之交的朋友，曾经填补了我们人生中的一部分空白，是他们让我们有了"被爱""被信任"的感觉。那么随着他们的离开与走散，我们也理所当然地会感受到，我们似乎变得有些"残缺"。我们很难再体会到"被爱"与"被信任"的感觉。我们尚未满足，便已经失去。

虽然，我们在生活的各个场景之中都会听到或是看到那些劝我们翻篇儿的观点与话语，但哪怕他们诉说得再苦口婆心，我们仍无法迈出那一步。其实，我们并非想要沉溺在那些痛苦之中，我们不过是不愿翻篇儿罢了。

没错，我们不愿翻篇儿，因为曾经那些刻骨铭心的情感，已经成为我们的一部分。它填补了我们人生中"被爱"与"被信任"的空白。如果我们想要遗忘，或许遗忘的并非仅仅是那些人与事，其中也包括一部分的我们。

那些回忆中的人与场景，我们共同经历过的时间，他们对我们所造成的触动与影响，成为我们的一部分。而当下我们的思维、观念与期望，本就由曾经的共同经历所塑造，如果我们将其遗忘，自然也就因此而感到残缺。

如果说，回忆仍能让我们在痛苦之余，体会到那"被爱"与"被信任"的感觉，让我们知道自己是值得被爱、值得被信任的。那么当我们遗忘这部分回忆时，似乎也就不配被爱，也不配被信任。

所以，我们不仅不愿翻篇儿，反而在拼了命一般地试图补偿自我。我们近乎草率地开启着一段段新的恋情，我们近乎盲目地试图与他人建立友情。为了恋情，为了友情，我们愿意低到尘埃里，甘心地付出自己的一切，只为了将自己曾经的遗憾，变为一种圆满的结局。

但可惜的是，哪怕我们表现得如何卑微，我们也绝不可能为曾经的遗憾画上一个完满的结局。正如遗憾于原生家庭冷漠的母亲，将自己全部的爱奉献给孩子时，换回的往往并非同样炙热的爱意，而是恃宠而骄的放纵。当我们为了弥补遗憾而将情感加倍地补偿到新的关系之中时，对方自然会在有恃无恐中对我们造成伤害。

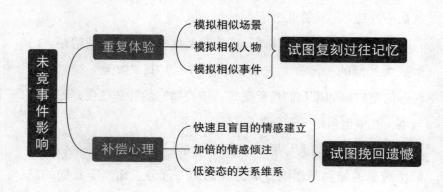

我们不愿翻篇儿，因为我们不愿接受"残缺"的自我。我们希望在回忆中找寻那丝温存，再次体会爱与被爱的感觉。我们甚至积极地将这份过去的遗憾，投入到新的亲密关系之中。我们也难免会敏感且脆弱地生活。

失去是一件苦事，每一次失去都似乎使得我们的一部分自我随之消散。我们厌恶这种分别，自然希望沉溺在过往之中，再次切身地体会那种情感，那种完整的自我。但对过往的沉溺，唯一带给我们的不过是：来自回忆的伤痛与对我们当下生活所造成的负面影响罢了。

我们不愿失去，但当失去真正发生时，我们都清楚，我们唯一所能做的便是接受。接受失去所带来的痛苦，接受当下残缺的自我，并尽可能地在未来生活中，再次拼凑出一个更加美好的全新自我。我们都理解这些道理，但我们却很难将其应用于生活之中。因为我们都懂得接受，却不懂该如何接受。

我们并非不愿放过自己，只是许多时候，我们仍需要一场体面且圆满的别离罢了。

## 1. 一场仪式

如果无法长久地相处，或许我们便都需要一场体面的告别，将那些期待与幻想都埋藏于过去，从而昂首阔步地走向新的人生。但失去，往往是没有告别的。如果幸运的话，它还会有着一场标志性的争吵，但更多时候，失去是不幸的默默远离。当我们惊醒的那一刻，便已经陷入无法挽回的境地。

没错，许多时候我们没有经历那撕心裂肺的争吵，没有恩断义绝的决绝，我们哽咽在心底的话语，尚未能宣之于口，便已与他人永远地断绝了联系。我们的痛苦与快乐、失落与期待，被一同埋在过往之中。我们需要一场告别来圆满地结束这段感情。

告别，总归是需要一场仪式的。我们可以重新走过曾经并肩的道路，重新品味那段感情，然后以一种决绝的方式，将自己心底的话语写到一封信中，将其作为一段感情的结局。

我们将自己对他人、对过往的全部情感，与我们被剥离出的那部分自我，一同放入信封之中，让尘埃遍布，将回忆封存。

## 2. 失去是得到

我们并非生来完整，我们是在这世间逐渐地懂得爱与被爱，懂得人生中的喜怒哀乐。我们被情感与情绪所填充，最终组成了完整的"我"。当我们失去、当我们离别时，"我"也就因此残缺起来。

但我们并非生来完整。我们所残缺的部分，恰恰是我们新的开始。我们可以用更好的、更稳固的、更令人动情的经历来组成新的"自我"。

失去本身便意味着得到的可能，任何一段情感关系的落幕，只要我们不沉浸在过往之中，则都将使我们懂得如何更好地生活。一生正是由一幅幅画面所组成的篇章。我们每翻一页，便成长一分，便豁达一分。

钝感力，便是学会翻篇儿，放过自己，让过去留在过去。

# 不会"独处"的我们，
## 虽不寂寞却倍感孤独

城市蕴藏着机会与财富，无数人趋之若鹜。人们走出自己所熟悉的村落，一头扎进城市之中，只为寻求那改变人生的机会。城市中的生活，使得每个人空间边界被不断压缩。我们不得不说，城市拉近了人与人之间的空间距离。但是同时，城市也在用一栋栋的高楼、一个个的格子间，将无比贴近的人们划分到一个个独立的区域里。

城市具有聚集、消散的时空模式。人群移动所秉承的目的性，往往将一群人引入同一个空间之中，但距离的拉近与接触的增加，却并没有带来更多的交流与互动机会。我们再也不会像在村落时那般，在闲暇的傍晚不约而同地聚集在那棵大榕树下，开怀畅谈着生活中的苦辣酸甜。

城市中的人与人，似乎有着更深的隔阂存在。人与人之间的接触、交流与互动，逐渐被手中那亮起的手机所取代。于是我们可以看到一个神奇的场景：当100余人拥挤地或站或坐于地铁狭小的车厢时，没有预想中的人声鼎沸，人们只是坐在、站在那里，悄无声息地等待着列车的到站。

人类历史中，从未有过这种时刻。人与人在距离上被无限拉近，却又似乎相处在不同的空间之中，比贵族共和制摇摇欲坠时，罗马议会各怀鬼胎的元老们，防备更甚，疏远更深。

| 亲密距离 | 个人距离 | 社交距离 | 公众距离 |

**空间距离更近　心灵距离更远**

当下的我们，并不寂寞。我们可以有着多种多样的消遣方式，有着更为便捷的聚会场合。甚至我们独坐于家里，只需拿起手中的手机，便得以与寂寞远离。但我们虽不会寂寞，却时常感到孤独。

如果说，寂寞是出自被社会与他人所隔离与疏远，在求而不得中所产生的煎熬，那么孤独则是我们主动地与他人、与社会所进行的隔离与疏远。没错，哪怕是在觥筹交错、把酒言欢的场景之中，我们也能感知到内心那深深的孤独与对社交的抗拒。

柳真雅，是电影《独自生活的人们》中一位普通的接线员。每天的工作，便是解答来自客户那近乎无休止的问题。可这却是一份让她感到十分满意的工作，因为她无须去与同事建立关系，无须为了攀爬而刻意结交。她可以无视身边所有的同事，哪怕是面对自己的主管，也不过是点头打一个招呼而已。以这种独行的方式生活的柳真雅，并不会感到寂寞，毕竟她本就不期望来自社会、他人的接纳与结交，自然也就不会因他人的隔离与疏远而感到寂寞。但并不寂寞的她，却无法隐藏自己的孤独。她是孤独的，她可以拒绝那些属于无效社交的刻意迎合，但她无法拒绝来自内心深处对深度情感的渴望。她希望有人可以与她毫无顾忌地畅谈；可以分享各自生活中的美好与苦难；可以在一次次心与心的交流之中，汲取到生命的力量。

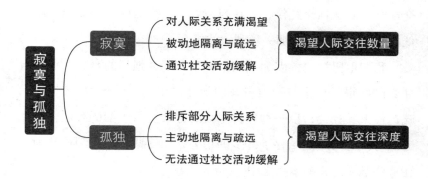

我们，也是孤独的。虽然我们从内心深处，对那些无效社交的场合感到厌烦与无奈，虽然我们已经习惯于独自生活，但在独自生活之时，我们时常会感到那彻骨的孤独。或许，我们并非在享受独处，我们不过是在逃避那肤浅且无效的社交。

我们在逃避着社交，因为对于敏感的我们来说，每一次的社交都会让我们感到身心俱疲。我们品读着空气，捕捉着表情，揣测着他人的内心。我们在耗费着我们无数的精力，可我们得到了什么呢？答案是：焦虑，这是我们唯一的收获。

如果我们将城市比作由钢筋混凝土所组成的原始丛林，那么独行于这丛林中的我们，虽然会感到孤独，但比起与他人接触时的谨慎、防备、揣测，似乎独行对我们来说，要更加舒适。

不知从何时起，谈及对社交的回避，总会将其归咎于人性的弱点之中，被看作一种社会化过程中的缺陷。这或许是因为现代的职场生活离不开社交，抑或是来自独行者往往沉默着对此不做应对。

我们之所以回避社交，除了许多社交本身便是无效且虚假的之外，更根本的原因在于，社交的本质是服从。我们必须服从社交规则，服从社交礼仪，并在与他人一次次的虚与委蛇中，以极低的姿态，寻得获取那一丝利益的机会。

我们不愿社交，因为我们本就没有那么强烈的野心。那来自社交的回报，似乎并不值得我们为此付出无数的精力。但隔离、疏远他人、社会，以一种独自生活的方式进行生活的我们，虽然通过对社交的逃避结存了许多的精力，但这些精力，却依然消耗在那些毫无意义的事物之中。

独处的概念，在近些年逐渐被社会所接受，这似乎成为我们的救命稻草，为我们隔离、疏远他人、社会提供了有力的借口。没错，我们将这种独自生活的方式，称为独处，似乎我们的觉悟已经领先于大众太多，已无须依托社会生活，便可以在独处中获得一切想要的，且如苹果公司联合创始人史蒂夫·乔布斯那般，在快速成长的同时创造出令人惊叹的产物。

可我们很难骗过自己的内心，因为我们都清楚地知道，当我们闭起房门之后，并没有去感悟人生，更没有去苦思冥想如何提升工作能力，甚至那本我们用于安慰自己的书，都已经布满了灰尘，使我们更加不愿触碰。

法国哲学家帕斯卡尔说："几乎我们所有的痛苦，都来自我们不善于在房间独处。"但他并没有告诉我们何为独处。我们希望逃离无效社交，从而将我们的精力得以保留，但转眼间，我们却将这宝贵的精力，挥霍于刷手机、发呆、看电影之中。

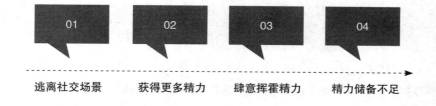

逃离社交场景　　获得更多精力　　肆意挥霍精力　　精力储备不足

没错，我们并没有将宝贵的精力应用于更具有意义的事物之中，我们不过是将其换了一个地方进行挥霍。诚然，我们逃离了无效的社交，但同时，我们又何尝不是陷入一种只有自己参与的无效社交场合之中呢？我们与手机、电视、幻想互动，从未将精力应用于更值得的地方。

如此看来，我们显然并非如法国哲学家帕斯卡尔所说的独处，这仅仅是一种孤独的独自生活罢了。

独处既不是寂寞的，也并非孤独的。独处并非要远离那喧嚣的人群，也并非要以离群索居的形式展开自己的生活。独处既不寂寞，也不孤独。对于真正处于独处之中的人来说，这是一件足以称得上享受的事情。

独处是一种享受。它帮助我们从自我固执的想法中解脱，帮助我们从群体所带来的迷思中独立。它是我们成长的阶梯，更是我们与自我相处的良药。它并不需要我们远离人群，也不要求我们离群索居。它贯穿于我们每时每刻的闲暇时间，使我们能够静下心来，将精力投入到真正重要的事情之中。

独处，是清醒的自足。

## 1.思维深度的建立

我们为什么要独处？或者说，我们在独处时，应该去做些什么？对于这个问题，我们可以有一个统一的答案：独处便是在摒弃干扰的情况下，去思索那些更加复杂、更加深入的问题。

在生活中，我们很难去真正深入地思考一些问题，因为我们总会遭受来自他人、来自环境的打扰。哪怕是我们想静下心神来思索一些真正重要的事情时，我们也会由于一通电话的打扰，而被迫中断。

而我们的内心也在不断地打扰着自己。我们希望能利用这难得的空闲，去看一部电影，玩一会儿手机；或者说，我们希望用这个时间，去进行那些我们所希望的消遣。我们的内心、环境与他人一同在打扰着我们，从而使我们对事物的关注仅仅能够停留几秒，紧接着便魂不守舍起来。

对复杂事务的深入思考，这许多人所不具备的能力，恰恰是我们能够得以成长的关键因素。独处，便是在收束念头、不受打扰的情况下，去思考那些真正能够使我们成长的事物，去思考那些我们人生中所尚未明确的谜团。

只有在独处时、在深度思考时，我们才能找出我们内心中的根结，找出使我们感到困扰、感到痛苦的本质，这便是法国哲学家帕斯卡尔所推崇的独处。独处，并无法使痛苦消失，而是我们在独处中，通过深度的思考，找出导致我们痛苦的本质，从而在内心释然之中使痛苦消散。

### 2. 独处是对清醒的验证

我们生活在这个世界之中，与他人产生着互动，随时接触着纷杂的信息，我们很难确保自己有一颗清醒的大脑。或者说，我们很难知道，我们所期望的、担忧的是来自我们真实的想法，还是来自他人的影响与干扰。

在生活中，我们常被人牵着走。我们或是因为讨好，或是因为对他人的崇拜，甚至可能是因为厌恶，而在不断地修改自己的行为与观点。我们希望与他人契合，希望能够建立一段稳固的情感，也希望能够远离那些令我们感到不适的人与事物。但在这个过程中，我们是否曾考虑过，那些我们所期望的、所担忧的，到底是他人强加于我们的，还是我们内心所真正需要的。

其实，我们许多时候是懵懂的，并不清楚自己想要什么，又在担忧着什么。而独处，则是强迫我们自身慢下来，去揣摩我们内心的想法，揣摩我们行为背后的逻辑，将我们的快乐与痛苦一一验证，使我们进行内在整合，从而以一种清醒的方式，看待我们所遭遇的一切。

钝感力，便是独处的能力。在独处中，我们才能够清醒地生活于世。

# 忙碌的我们，
## 总是疏于自省

哲学的本质，是对人的理解与认识。无论中西方哲学思想有着怎样的差别，但其最终目的都是帮助人们洗去浮尘，得见本性。哲学思想虽然贯彻于生活之中，但我们对它的理解，往往是流于表面的。

我们无法，或者说是不愿去思考那建立在庞大世界观下的哲学流派，毕竟哲学似乎无法为我们带来切实的利益。哲学虽然无法快速地为我们带来物质收益，可它对我们的精神世界却大有裨益。可以说，我们之所以在世间受到种种烦恼而无法解脱，根本原因就在于我们过于注重物质上的利益，而忽略了对自我的探寻。

我们一直被他人、世界"推着走"。这不可抗拒的"伟力"，使我们连短暂停下脚步，观察自我的时间都不具备。没错，前代先贤不断地告诫着我们"吾日三省吾身"，可当我们试图去剖析自我时，却总是被各种情绪所左右，无法做到真正的自省。

我们忙碌地追逐着利益与情感，早已无暇顾及自己。

自省，是一种高级思维能力。通过自省，我们得以改正自己的错误，找出影响我们情绪中的根结，从而从种种负面情绪中解脱。俄国作家列夫托尔斯泰在《复活》中，将自省看作一种对自己的救赎。只有自省，我们才有可能自我超越。

我们忙碌追逐着这世界中所充斥的利益与情感，我们或是讨好，或是祈求，或是不择手段地试图从他人、物质层面来使我们获得生活的意义。我们似乎只有与他人建立情感，得到那些常人所无法获得的"奢侈品"，才能在他人的崇拜与仰慕中，感受到"活着"。

或许，我们之所以要从外界中获取"活着"的感觉，本就是因为我们忽略了来自我们灵魂深处的渴求，屏蔽了来自我们精神中的力量，从而使我们只能以失魂落魄的姿态向外界求救。我们希望获得他人的认同，从而感知到我们的价值；我们希望获得他人的感情，从而体会"被爱"的感觉。但这些价值与"被爱"，其实本就隐藏于我们的灵魂之中，只是一直被我们忽略与无视。

我们的生活中缺失了自省与自我剖析，从而使我们无法从年幼时的种种影响中挣脱，并且在成年后不断地被动地被社会所塑造，深陷焦虑与痛苦之中。虽然我们在追求着物质和情感，希望以此来补全我们的人生，使我们从焦虑与痛苦所组成的煎熬中解脱，但成长长久处于停滞状态中的我们，又如何能夙愿得偿？

追求外物　情绪受困　渴望认同　成长停滞

### 疏于自省

我们每天为枯燥的工作感到焦虑，为那求而不得的感情感到痛苦，但我们却并不知道该如何改变它们。我们只是努力工作与近乎痴狂地拼命追求，却始终不得其法。在短暂的坚持过后，便痛快地宣告失败。

自省，使我们获得成长的力量。在求而不得中，去反省己身，反而能够找出真正造成我们当下困境的根结。我们或是应该改进自己的工作能力；或是应该去优化工作流程；我们或是没有意识到对方真正的喜好；或是我们近乎痴狂的追求，本就使对方感到害怕。当我们通过自省意识到这点时，我们便获得了成长的机会。

我们对那些利益与情感的追求，正如希腊时期摆放于神殿中，那辆装有"格尔迪奥斯绳结"的战车一般，当我们试图以千百种不同的方法去解开绳结，从而得以成为亚细亚之王时，或许我们所需要的，并非思索如何解开绳结，而是如亚历山大大帝那般，拔出宝剑将其一刀切断。

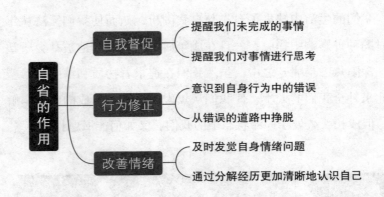

很多时候，我们需要的并非在现有的行为轨道中做到更好，而是需要通过"自省"与自我剖析，从而找到其他的出路。而这其他的出路，恰恰是"格尔迪奥斯绳结"真正的解法。

我们很难做到自省，甚至于说，我们根本不愿去自省。我们宁愿在错误的道路中倾注无尽的精力，也不愿看到真实的自己。因为当我们将那些对自我美好的定义——剥离之后，我们难免会看到自身真实且丑陋的一面。

我们不愿接受自己对他人的爱意是占有；不愿接受自己对孩子的爱意是交换；更不愿接受自己之所以陷入煎熬之中，本就是来自我们自身的懒惰与愚昧。我们不愿承认真实的自己，自然也就不愿、不敢去自省与剖析自我。我们正如奥地利心理学家阿德勒的人格理论中所强调的那般："所有我做不到的说辞，其实是不想罢了。"

在电影《你好，疯子！》中，七个互不认识的正常人被莫名其妙地关进了一家疯人院之中。这七个有着不同职业、不同性格的人，为了逃出疯人院，使出了浑身解数。但其实无论他们如何努力，都不可能实现逃出去的目标。因为他们虽然被束缚于监牢之中，但这监牢并非疯人院，而是女主角安希的思想牢笼。那废旧的工厂、斑驳的铁柱、昏暗的光线，本就是女主角安希濒临枯萎的思想世界。那隐藏于脑海深处不同思维所抽象出的七个人，在一具身躯中不断地自我消耗，最终不过是作茧自缚罢了。

我们不愿内省，不愿自我剖析，因为我们不愿承认我们的懒惰、贪婪、自私、虚荣，我们希望能够隐藏起这些"人性的恶"，展现出一副我们理想中的模样。但这些懒惰、贪婪、自私、虚荣却并没有消失，它化身为影响我们的动机，成为我们的软肋。

那些我们想要竭力隐藏的负面特质成为我们的软肋。它虽被我们打造的层层盔甲所覆盖，但这并不妨碍它对我们进行着影响。那些来自他人平常的话语，为什么会让我们歇斯底里地暴怒、毫无理由地消沉？因为那些话语，似乎在不经意间揭开了我们的伪装，击中了我们的软肋，使我们真实的自己暴露于他人面前。我们竭力地否认，我们愤怒地反击，我们总能听到他人在莫名的疑惑中说出那句："你太敏感。"

哪怕我们如何竭力地隐藏，我们总能在他人不经意的话语间、社会的反馈之中，意识到我们所不愿面对的缺陷。我们不愿面对缺陷，更不希望它暴露在外，原因在于，我们不愿改变。毕竟这些缺陷之所以长久地存在，本就在于它并非轻易便可改正的。

但在我们的人生过程中，总会在某一刻，感受到如安希那般痛苦的时刻。那些我们所竭力隐藏的缺陷，清晰地展示在我们面前，以一种喧宾夺主的姿态，在对我们造成负面影响的同时，还要求我们顺服。每当这种时刻，我们总是想要去克服这些缺陷，总是想要从中得到解脱。可惜的是，我们早已忘记了应该如何自省，早已不懂得该如何自我剖析，自然也就失去了应对之法。

### 1. 我是我的观察者

哲学，那无数前贤所总结而出的人生感悟，恰恰是帮助我们对抗缺陷，使我们懂得如何自省的关键方法。不管东西方哲学在倾向、文化、发展过程中有着怎样的分歧与差异，但对于"自省"一事，都有着高度契合的认可。我是"我"的观察者。这一来自西方的哲学思想，与我们传统中的"观自在""知行合一"，并无差别。

我们可以将"我"分为客观的"我"与主观的"我"。在大多数时间之中，我们都是以主观的"我"在社会之中生活。主观的"我"，也便是我们所有情绪、观点、价值、世界观的集合，包容了我们自身的一切，受种种情绪纠缠所组成。

在许多时候，我们总是用主观的"我"去内省，试图找出解决我们自身缺陷的方法，但受缺陷所导致的种种负面情绪影响，我们总是陷入迷茫之中，往往将来自自身的过错，归咎于他人。这种自省，自然也不免一无所获。

实际上，我们需要用客观的"我"去自省，只有从第三者的角度，不掺杂利益、情感地观察自己，才能够找出我们真正的缺陷，剖析出真实的自我。用客观的"我"去自省，站在不具备任何立场的第三者角度，在不评判对错、不考量好坏的前提下，也就可以免受自身情绪的侵扰，从而使自己得出更为清晰、真实的答案。

### 2. 苏格拉底式提问

想要真正地进行内省，剖析出真正的自我，找出自身所存在的缺陷与负面的性格特质，仅仅依靠我是"我"的观察者，并不能够完全地实现。当我们能够从第三者的角度客观地去观察自身那细微的念头、那真实的自我时，我们还需要通过一种提问方式，来使我们更为清晰地知道，我们到底在逃避着怎样的自己。

苏格拉底式追问，原本是苏格拉底与其学生们对话时，为了刨根问底，找出事物真正症结所使用的一种对话方式。在近些年的营销管理学中，被称作"5why 分析法"。对一个场景、一种思想，通过连续 5 次询问"为什么"，便可以找出隐藏于我们思想之中真正的动机。

例如，我们在生活中，许多时候需要他人的帮助，但我们却总是羞于开口。

问：我为什么不好意思向他人寻求帮助？

答：因为我怕被别人拒绝。

问：为什么我怕被别人拒绝？

答：因为被拒绝是一件很没有面子的事情。

问：为什么我这么看重面子？

答：可能是因为我不想让别人看不起我。

问：你为什么怕别人看不起你？

答：可能是因为我不够自信。

问：你为什么会不够自信？

答：因为我总觉得自己什么都做不好。

通过连续 5 次询问"为什么"，我们便可以抽丝剥茧般找出导致我们缺陷的深层问题。而对深层问题再次进行 5 次追问，则可以帮助我们找出真正的根由。当我们通过连续不断的追问，最终找出问题的源头后，自然也就找到了有针对性的解决办法。

所谓钝感力，便是通过内省进行自我剖析，从自我内耗中得以解脱。

# 敏感的我们，
## 需要一种独特的钝感力

情绪不是你对世界的反应，情绪是你构建的世界。美国作家莉莎在《情绪》一书中，提出了"情绪构建论"的另一种解释。情绪并非被外界刺激所直接激发，而是感情背景与文化背景叠加的产物，由我们的大脑在不断预测、模拟、对比与修正后合成。

世界在影响着我们，我们的情绪随世界而变化。天气、季节，都会给我们带来不同的情感底色，更别提那来自世界中他人的评价、看法对我们所产生的强烈刺激。敏感的我们总是更能感受这来自世界的刺激，我们总是处于由焦虑、恐惧所组成的煎熬之中。有时，我们不免悲观地将世界看作"牢笼"，而身处"牢笼"之中的我们，虽然对自由心向往之，却无法越过人生的藩篱。

但正如莉莎所说的那般，这牢笼，并非由世界所设立，而是由我们亲手所构建。

敏感，是一种难以控制的天赋。我们有着强烈的责任感，想要去帮助他人，甚至是拯救世界。我们有着更加丰富的内在世界，并愿意孜孜不倦地去探索精神世界，我们更加谨慎，也更有深度。但我们这些美好的性格特质，却常常被湮没在自我内耗之中。

没错，我们追求完美，善于自责。我们担心被抛弃，所以总在委屈自己。我们既想独处，又害怕寂寞。我们希望可以直接地表达自己，却又常因他人的失落而愧疚。我们常常处于内耗之中，将自己性格特质中所隐藏的天赋，深深掩埋。

我们不希望苛责自己，不希望讨好他人，更不希望在焦虑与痛苦所组成的牢笼之中，以蹉跎的姿态度过自己的一生。因此，当社会中出现关于"钝感力"的观点时，我们似乎看到了曙光，找到了一种自度的方法。

我们看到《阿甘正传》中低能的阿甘，以一种大智若愚的方式，度过了人生中的重重难关。那些求不得、爱别离，在我们身上曾留下深可见骨的伤痕，但对于阿甘来说，却如清风拂面一般，未在他身上留下任何的痕迹。

我们羡慕阿甘，我们也希望如阿甘一般从不矫揉造作与扭捏作态；我们希望如他那般能够傻乎乎地做自己所喜爱的事情，而不受外界的打扰；我们希望获得阿甘那般天真的美好。但当影片结束，我们从阿甘的世界中脱离之后，我们似乎总要去调笑阿甘一句"傻人有傻福"，才能化解我们内心深深的叹息。

我们不是阿甘，或者说我们永远成为不了阿甘。虽然阿甘身上存在着钝感力所需要的特质，但我们并不能将自己的智商降到75，然后享受如阿甘一般的天真美好。我们更像是阿甘在战场中所救出的中尉，在历经苦难侥幸存活后，不仅无法赞叹活着的可贵，还要在痛苦中消沉煎熬。

可我们无法获得如中尉那般的救赎。我们的生活中很难遇到一个如阿甘那般的人，用他近乎愚笨的思维，帮助我们从敏感中解脱，在找出生命的意义之后，与他一同分享钝感的快乐。

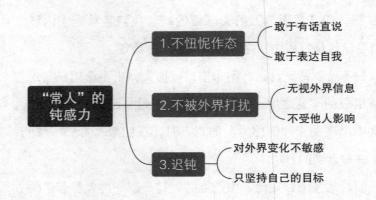

对于敏感的我们来说，想要得到钝感的快乐，首先需要对敏感有着清晰的认识，了解到它对我们的作用与产生的影响，知道自己正处于怎样的境地之中，又该如何减少敏感对我们造成的情绪消耗。而这，已经在本书中多有讲解。

接着，我们便需要补足最为关键的一环。

许多时候，我们对钝感力的理解不足，或者说，敏感的我们无法套用对钝感力常识性的理解。我们需要一种特殊专有的钝感力，才能够在保留我们敏感特质天赋的同时，通过钝感力来使我们的情绪得以长久平稳，帮助我们获得更好的成长。

提及钝感力，许多人所理解的，便是将其看作一种能让自己"装傻""迟钝"的能力，认为所谓钝感力，便是对事实视而不见，将信息拒之门外的方式。还有人则将钝感力看作一种豁达的胸襟，更有甚者则直接将钝感力翻译为"不要脸"。

作为一种兴起不久的概念，我们尚未对钝感力有一种清晰且共同的定义，这自然会让我们对其产生种种疑惑。但正是因为它是一种新兴起的概念，我们可以对它有着不同的认知。我们也就可以从钝感力中分化出专属于敏感群体的方法，从而有针对性地解决我们所遇到的问题。

钝感力，是一种对抗挫折的力量。稍深入一点的看法是，将钝感力看作内心的脱敏，也就是脱离敏感特质所造成的种种影响。我们尚且不说对于一个敏感的人来说，想要做到内心的完全脱敏，从根本上扭转自身的性格特质，是一种怎样的难事；我们只说，即使是一个人做到了内心脱敏，也无法获得钝感力。因为，钝感力与敏感之间虽然相互关联，并且有着紧密的联系，但内心脱敏并不能使我们获得钝感力。

这是一个浅显的道理：当我们失去一项事物时，并不意味着我们拥有了另一项事物。我们的内心不过是在失去中腾出了一部分空白区域。我们想要填补这片空白区域，仍需要做出相应的努力。

当我们能够控制敏感，使敏感为我们所用，然后将我们的精力、心力应用于我们所希望的领域时，我们仍然会感到焦虑与痛苦。虽然这些焦虑与痛苦在强度与频次上大为降低，但我们仍无法完全摆脱敏感对我们造成的负面情绪影响。因为我们总会遇到那些让我们感到焦虑与痛苦的事情，哪怕我们已经能清晰地认知、掌握与控制，但仍无法完全避免它对我们造成的影响。

那么，我们该如何进一步减少这些负面情绪的影响呢？如何在面对那始料未及的挫折时，拥有更强的应对能力呢？这需要为我们的敏感披上一层盔甲，这层盔甲的名字，便叫作"钝感力"。想要达成这一点，我们还缺少着关键的一环。这关键的一环就是：能够将我们的敏感与钝感力相结合的方式。我们只有将敏感与钝感力相结合，才能获得长久的情绪安宁。

敏感的我们总是在细致地观察着周遭的变化，并试图从变化中解读出我们所需要的信息。但许多时候，我们在对外界信息的获取过程中，时常遭到来自信息本身的影响。哪怕我们有着坚定的目标，但敏感的我们总能获取到那些与我们目标相悖的信息。这种敏感的信息获取能力，反而成为使我们动摇、无法向着目标前行的阻力。

对于许多人来说，他们可以有选择性地对信息进行筛选，可以只匹配与接受与自己观点相契合的信息，从而获得"钝感力"。但敏感的我们，每天在接收着巨量的信息，自然很难轻易地如常人那般对信息进行筛选。

因此，敏感的我们，需要一种能够将敏感与钝感相结合的方法。

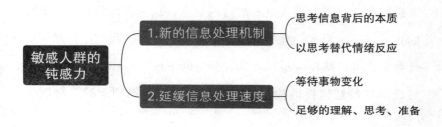

## 1. 新的反应回路

信息并没有直接地影响我们。它不过是对我们产生了刺激，迫使我们大脑进行加工后进行反应。而我们之所以会受到信息的影响，原因在于我们对刺激与反应的中间加工过程没有足够的重视。敏感的我们在接收到外界刺激时，快速地让大脑根据过往经验与当下的场景而做出反应，许多时候并没有主观意识的参与。

如果说，来自上级的责骂，抑或他人负面的评价对我们产生了刺激，那么敏感的我们在没有深思对方话语中真正目的的情况下，便快速地产生了羞愧感或是受挫感。但这些羞愧感与受挫感，是否有它们的合理性？我们是否真的做错了什么，抑或哪里做得不够好？对于这个问题，很多时候答案是否定的。

我们或许并非做错了什么，也不是在某些方面做得不够好，我们之所以会受到否定与责难，可能是来自对方糟糕的心情，甚至说是刻意的攻击。但这些出自对方的错误，这些莫名的指责，却在我们尚未来得及思考的情况下，被我们通盘接受，使我们陷入负面情绪之中。

因此，对于敏感的我们来说，想要获得钝感力，需要的便是去拆解那些令我们陷入负面情绪的信息，从而找到信息中所裹挟的真正本质。当我们开始思考信息中的本质时，我们便打断了对外界刺激的情绪反应过程。当我们打断了这个过程，那么我们便可以不受情绪惯性的控制。这相当于面对外界刺激时一种新的回路。

当领导批评我们时，

原回路："一定是我做得不够好，我真是太没用了。"

新回路："领导为什么要批评我？我工作中到底出了什么问题？我以后应该怎么改正？"

我们用思考来替代情绪的回应，不仅可以使我们从负面情绪中脱离，还可以使我们找出信息中所潜藏的错误，意识到许多指责与批评本就是我们所不应承担的。我们善于思考，善于捕捉信息，这是我们敏感特质中所蕴藏的天赋。而当我们开始利用这种天赋去替代情绪，思考信息背后的本质时，我们便获得了独属于我们的钝感力。

## 2. 相信变化

许多人将钝感力看作一种迟钝。认为所谓的钝感力，并非在面对变化与刺激时能够有效化解，而是根本无法感知到变化，自然也就不会受到影响。虽然这种观点充斥着傲慢与偏见，但恰巧揭露了一种现象。

变化，在许多时候会给我们带来惊喜。那些我们所烦恼与忧愁的事物，在我们尚未试图去进行解决之时，便随着变化而一同消散。许多人之所以将钝感力看作一种迟钝，便是因为许多在我们看来无法接受、无法解决的问题，本就不需要接受与解决。

没有什么是一成不变的，一切都在变化的过程中。正如美国演说家斯宾塞·约翰逊所说的那样，唯一不变的只有变化本身。当我们面对那些令我们感到挫折、痛苦的事物时，我们所需要的恰恰是等待。等待事物的变化，等待我们对其有着足够的了解。在等待中思考，在等待中准备。

钝感力，便是通过新的反应回路，以等待面对变化，以思考替代情绪。

# 将钝感力内化为一种习惯

当我们对某种事物产生渴望，我们想要去得到某些事物时，我们所需要的，便是通过目标来使我们获得前进的动力。目标，通常来自两种基本的渴望：一种是摆脱缺陷对我们的影响；一种是争取成为更好的自己。

我们善于设立目标。当我们希望去获得某些事物时，我们总会习惯性地为其设立一个目标。似乎当我们有了目标之后，便已经实现了一般。但正所谓行百里者半九十，在许多时候，我们往往只具备设立目标的决心，而没有实现目标的决心。

无志者长立志。我们有着太多半途而废的目标，这虽然令我们担忧、烦恼，但很快，我们便会将这种无法实现目标的痛苦与目标本身一同遗忘。

我们虽然想要改变自身缺陷，想要成为更好的自己，却很难真正实现。因为我们总会遇到许许多多的阻碍，使我们自圆其说地放弃。

没有人会设立那些无法实现，或是根本不想要的目标。可以说，每一个目标的设立，背后都有着我们无尽的决心与期望。我们善于思索那些目标实现后的美好，却不善于为了目标而实际地行动起来。

毕竟，我们想要实现目标，首当其冲的便是面对来自外界的阻力。正如当我们信誓旦旦地表示要减肥时，那些美食也就看起来更加让人垂涎欲滴。我们对健身器材不够了解，健身房的味道让我们无法忍受，去健身房的路上，夏天阳光太毒，冬天寒风刺骨……这些来自外界的阻力，使我们在短暂的尝试后，减肥便以失败告终。

《肖申克的救赎》这部电影可谓家喻户晓，无数人为安迪身居低谷却汲汲而生感到震撼与热血沸腾。利用、殴打、监禁、欺骗、背叛、绝望，这些我们在生活中未曾体会过的痛苦，一一在我们的面前展开。我们尚未来得及品味其中的苦涩，安迪便凭借其对信念、目标的坚持而从容化解。

这部电影使许多人产生了不同的感悟，但安迪在重重阻力中所坚守的信念，无疑让我们每个人都为之动容。电影的内核，是对现实的抽象与概念化。在许多时候，电影如一面镜子一般，让我们对自身产生诘问。

我们为安迪动容，我们也曾想如安迪那般坚守自己的信念与目标，但我们除了遇到来自外界的阻力之外，还需要面对来自我们内心更加强大的阻力。外界的阻力并不可怕，我们总能在重重的危机之中寻得那一丝的曙光。正如，安迪哪怕是面对着典狱长，也有着周旋的机会一般。

健身房中器材的用法、飘散的味道、阳光的狠辣与寒风的凛冽，并无法阻止我们坚守信念、实现目标。真正让我们停步驻足的，是来自我们内心之中的念头。我们总能找到方法去说服自己，让自己多吃一口碳水、少去一次健身房，然后在无限的循环之中，直至信念消散，直至将目标遗忘。

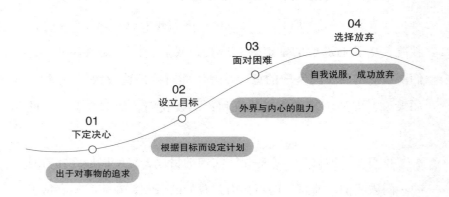

在《原则》一书中，作者（美）瑞·达利欧将痛苦与收获并列，认为没有痛苦，也就没有收获。而对信念的坚持、目标实现

的过程，注定是一件痛苦的事情。因为我们在追求自己所喜好的事物时，不得不为其放弃一些其他的喜好。我们希望自己能拥有苗条的身材，自然也就要放弃一部分美食与一部分安逸。

我们在生活中学到了那么多的知识与观点，我们有着改变自己所需要的知识储备与实践方法，但我们却因为无法坚守信念、实现目标，而在斗志满满与颓废无力之间不断切换。

我们很难说知识与行动两者哪个更为重要，毕竟没有知识支撑的行动，往往表现得荒唐无稽；而失去了行动的知识，不过是夸夸其谈罢了。这或许便是先贤们要强调"知行合一"的原因。

在当下，得益于互联网的存在，我们得以轻易获取到足够的知识与信息。我们大多可以懂得如何能够得到更好的成长、如何过好我们一生的方法。但虽然我们的脑海中盘旋着种种知识与方法，可我们的行动能力，却无法匹配我们的知识。

我们是行动的"矮子"。我们无法坚守我们的意志，更无法真正地去实现我们的目标。这或许是因为我们没有如《肖申克的救赎》中安迪那般的紧迫感。毕竟，我们并没有含冤入狱。我们所设立的目标与坚守的意志，并不能对我们造成深切的痛楚。如果说，安迪不具备放弃的权利；那么我们，却拥有着放弃的权利。

我们不惧怕放弃，那些无法实现的目标，之所以最终随着时间一同被我们所遗忘，而不会引起我们的警觉，在于我们高估了自己的意志力。没错，我们并不认为那无法实现的目标，会对我们造成严重的负面影响。我们之所以放弃对目标的实现，许多时候是我们自己找到了放弃的理由。我们对自我意志力的高估，使我们坚信自己在未来遇到其他真正想要实现的目标时，必然可以轻松地实现。

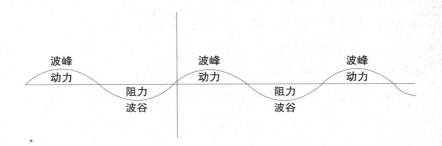

但我们选择性地遗忘了，我们设立目标时，本就有着无限的决心，本就将其看作真正想要实现的目标。我们之所以无法实现目标，在于我们高估了自己的意志力。我们认为只是拖一天、晚一会儿、歇一下，并不会阻碍我们目标的实现。我们完全可以凭借自己的意志力，在第二天力挽狂澜。但第二天的我们，又在这种想法中选择懈怠。

真正能够坚守信念、实现目标的人，往往是自认意志力薄弱的。因为只有这样，才能时刻保持防备。在面对那些外界阻力与自我说服时，不敢有丝毫松懈地保持坚定。

也只有认定自身意志力薄弱，才能如履薄冰一般逐渐靠近目标。

我们在人生中有着那么多所需要实现的目标，而对于敏感的我们来说，最为紧迫的目标，便是去抚平我们的负面情绪。我们虽然学到了许多的知识，掌握了许多的方法，甚至于说，我们已经懂得了如何通过钝感力来帮助我们更好地生活，但可惜的是我们却一直难以迈出行动的第一步。这自然是由于我们对自身的意志力有所高估，从而总是以拖延的方式，选择延迟面对目标。

我们需要一种方法，一种能够将知识与钝感力内化的方法，从而使我们能够在有足够信念支撑的前提下，将目标的实现细化至生活之中。

### 1. 停顿

我们在面对来自外界的阻力时，内心总是通过自我说服来使我们放弃对目标的坚持，最终使目标与信念一同消散在时间之中。原因在于，目标实现的过程正如正弦曲线一般，有着波峰与波谷的走向。我们处于波峰之中则不免志得意满，处于波谷之中则不免想要放弃。

想要坚守信念、实现目标，想要将知识转化为行动，通过一步步的努力获得更加平稳的情绪与自我的成长，则需要有意识地去操纵停顿。停顿，在目标实现的过程中无比重要，在波峰时的停顿，有助于成为我们继续前行的动力。

例如，我们想要保持每天阅读书籍的习惯，那么当我们捧起书本，开始阅读时，我们在津津有味时停顿，那意犹未尽的感觉，自然有助于我们第二天继续阅读。但如果我们在读到晦涩难懂、枯燥无味的环节时选择停顿，那么第二天，我们很难有继续阅读的动力。

我们需要有意识地掌握停顿。在波峰时选择停顿，在波谷时选择继续坚持，从而使我们能够有足够的动力逐步实现目标。

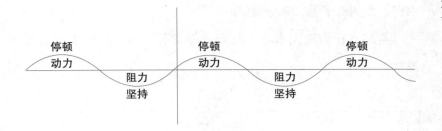

## 2. 锚点

对于心理学心锚的概念，相信许多人并不陌生。通过有意识地将情绪与行为进行链接，从而产生条件反射。随着条件与反射的衔接过程不断重复，心锚所产生的效果也就越发明显与可靠。

将心锚的方法应用于我们的日常生活中，通过设立锚点，来帮助我们确定目标、细分目标，便可以使我们将所需要的知识，内化到细微处，产生如条件反射一般的效果，帮助我们对抗目标实现过程中的阻力，从而使我们能够在不知不觉中习惯性地向着目标前行。

正如，我们想要保持阅读习惯，从而使我们获得更多的知识储备，我们通常会以书籍的数量与时间来进行自我约束。但这种约束往往是不具备效果的。一方面阅读这个行为很容易在繁杂的生活中被我们所遗忘，另一方面以数量与时间进行约束，无法带给我们足够的收获感，自然无法让我们长久地坚持。

我们需要为阅读行为设置锚点，将其细分为行为点与奖励点，并且确保锚点的设置具有固定性、可实现性与激励性。

行为点：每天吃完饭后，将脏盘子放到水槽清洗，然后拿起书籍，走到椅子上，开始阅读。

奖励点：清洗完盘子，打开书籍的那一刻，我们要为自己鼓掌。

| 锚点设置 | | | | |
|---|---|---|---|---|
| 项目 | 行为点 | 过程 | 奖励点 | 奖励方式 |
| 减肥 | 下班打开房门 | 拿起健身包出门 | 走向健身房时 | 内心为自己喝彩 |
| 阅读 | 吃完晚饭 | 清洗碗筷后 | 拿起书籍的那一刻 | 为自己鼓掌 |
| 自省 | 坐在沙发上 | 将水果放到床头柜 | 准备回忆时 | 吃一块水果 |

详细的锚点设置可以帮助我们固化自己的行为，习惯性地去进行阅读，并且在阅读伊始，便为我们再一次提供动力。当我们具有这种习惯之后，则可以为后续的阅读来设置锚点。当我们吃完饭后，便自动地开始执行后续的连贯性动作，自然也就将阅读行为内化为自身的一部分。

当我们能够通过锚点来对行为进行内化，我们便可以将更多的目标纳入内化的范围之中，尽可能利用自动应答的机制，来帮助我们实现不同的目标。

钝感力，这一刻便得到充分的发挥。我们无须面对那些来自外界的阻力，来自内心的自我冲突，我们只需将种种有意义的行为内化，便可以在平稳的情绪中，坚定地迈向我们想要获得的人生。